Parida Mirkhamidova
Mashkhura Abdurakhmonova
Mamurjon Pozilov

Impacto dos pesticidas residuais nos hepatócitos de ratos

Parida Mirkhamidova
Mashkhura Abdurakhmonova
Mamurjon Pozilov

Impacto dos pesticidas residuais nos hepatócitos de ratos

Estrutura, função e métodos de correção
Monografia

ScienciaScripts

This book is a translation from the original published under ISBN 978-620-7-46403-6.

Publisher:
Sciencia Scripts
is a trademark of
Dodo Books Indian Ocean Ltd. and OmniScriptum S.R.L publishing group

120 High Road, East Finchley, London, N2 9ED, United Kingdom
Str. Armeneasca 28/1, office 1, Chisinau MD-2012, Republic of Moldova, Europe
Printed at: see last page
ISBN: 978-620-8-10179-4

Conteúdo

Anotação

Atualmente, são utilizados cerca de 1000 tipos diferentes de pesticidas em todo o mundo. Alguns destes pesticidas são recomendados para utilização na agricultura. No entanto, os pesticidas utilizados na agricultura têm efeitos nocivos para o ambiente. Os pesticidas que entram no organismo por diferentes vias provocam alterações significativas. O metabolismo de muitos xenobióticos ocorre nas células do fígado. A este respeito, o desenvolvimento de métodos eficazes para proteger as mitocôndrias do fígado dos efeitos tóxicos dos pesticidas e da correção farmacológica é um dos problemas prementes da toxicologia e da bioquímica modernas.

Nos últimos anos, muitos centros científicos em todo o mundo realizaram uma extensa investigação sobre a criação de novos tipos de pesticidas. Neste caso, é dada especial atenção ao desenvolvimento de novas abordagens para a correção da disfunção mitocondrial associada à intoxicação do fígado com pesticidas que utilizam compostos de plantas. A este respeito, um dos problemas por resolver é a identificação das perturbações funcionais das mitocôndrias do fígado resultantes dos efeitos tóxicos dos pesticidas e a sua correção com a ajuda de compostos flavonóides. Nesta base, é necessário avaliar o efeito antitóxico dos flavonóides e criar novos tipos de medicamentos.

CAPITULO 1

DETERMINAÇÃO DA QUANTIDADE DE PESTICIDAS RESIDUAIS NO
TECIDO HEPÁTICO DE RATOS ENVENENADOS COM OS PESTICIDAS GALOXIFOPE-P-METILO E INDOXSACARBE

Anotação. Uma solução aquosa dos pesticidas galoxifop-P-metil e indoxacarb foi administrada a ratos brancos de laboratório por gavagem per os numa dose de LD50 1/10, e os resíduos no fígado dos ratos nos 5th, 10th, 20th, 30th, e 40th dias após o envenenamento. a quantidade de pesticidas foi determinada utilizando o método APCI (Atmospheric pressure chemical ionization). De acordo com os resultados obtidos, a concentração mais elevada de pesticidas residuais foi determinada no 5° dia após o envenenamento dos ratos. Para a análise, foi utilizado um HPLC MS (6420) Triple Quad LC/MS (Agilent Technologies, EUA).

Palavras-chave: Galoxifop-P-metilo, indoxacarbe, decapitação, per os, fígado, acumulação, pesticida residual, método cromatográfico.

Os pesticidas, que são amplamente utilizados na agricultura, têm um impacto negativo no ambiente, entram no organismo vivo de diferentes formas e acumulam-se nos tecidos como resíduos [5, 7, 9]. Foi provado em experiências que a utilização de pesticidas e a acumulação de resíduos nos tecidos e órgãos podem levar à morte de ratos [11].

Os pesticidas ingeridos através do consumo de carne de bovino como produto alimentar foram considerados carcinogénicos em estudos científicos. Foram estudadas as quantidades residuais de 22 pesticidas cloroorgânicos diferentes em órgãos como o fígado, os rins e a língua do gado em empresas onde são produzidos produtos à base de carne nas cidades de Mansoura, Zagazik e Ismailia, no Egito. De acordo com os resultados, o indicador mais elevado foi encontrado na cidade de Mansoura, onde foram encontrados 152 ng/g (com base no peso lipídico), nos rins 266 ng/g (com base no peso lipídico) e 488 ng/g (com base no peso lipídico) de pesticidas residuais no fígado dos animais. Estes resultados foram determinados utilizando o método de cromatografia gasosa [3].

A análise de despistagem de substâncias tóxicas químico-toxicológicas é muito importante e, de acordo com as conclusões desta análise, determina-se o efeito das substâncias tóxicas nos organismos vivos. São utilizados vários métodos cromatográficos para a análise de despistagem destas substâncias. Em particular, D. V. Vedishcheva e outros desenvolveram o método HPLC para a determinação dos insecticidas imidoclopride, acetamipride e nicotina isolados de objectos biológicos (batatas, pepinos, tomates) e líquidos [6]. M.I.Nurmatova e outros desenvolveram um método de cromatografia em camada fina (TLC) para isolar os pesticidas imidoclopride e acetamipride de objectos biológicos (sangue, urina, órgãos internos) [8]. Foram estudadas a sensibilidade, a reversibilidade e a especificidade do método cromatográfico desenvolvido pelos autores. A quantidade residual dos pesticidas imidoclopride, acetamipride e nicotina em objectos biológicos foi determinada por este método. A quantidade residual de pesticidas organoclorados e organofosforados em amostras de fígados de frango, porco e borrego foi determinada por cromatografia gasosa com espetrometria de massa em tandem de ionização por impacto de electrões [2].

O objetivo do estudo da natureza cumulativa dos pesticidas é determinar, através de experiências, a natureza do armazenamento dos pesticidas no tecido hepático do rato e o seu efeito no estado funcional de uma série de enzimas.

Métodos e materiais de investigação. Realizámos estudos para determinar a quantidade de pesticidas residuais no fígado de ratos envenenados com galoxifope-P-metilo e indoxacarbe utilizando HPLC, espetrometria de massa (dispositivos 6420 Triple Quad LC/MS (Agilent Technologies, EUA)). Foi realizado em cooperação com A.A.Mamadrakhimov, um funcionário do laboratório do centro de utilização colectiva.

Para determinar a quantidade residual dos pesticidas galoxifope-P-metilo e indoxacarbe no fígado através do método de espetrometria de massa por cromatografia líquida de alta resolução, foram colhidas amostras de fígado de ratos e cada amostra foi extraída com uma solução de acetonitrilo contendo 0,01 M de HCOOH, de modo a dissolver os pesticidas nelas recebidos. A fim de aumentar o rendimento da extração, as amostras foram mantidas num banho de ultra-sons durante 10 minutos.

As amostras de halaxyfop-P-metilo e indoxacarbe (Sinakem, China) foram utilizadas como padrões, tendo sido preparadas as respectivas soluções 0,1 molar em acetonitrilo. Para a análise quantitativa dos pesticidas nas amostras de fígado, foi utilizado um aparelho de espetrometria de massa por cromatografia líquida de alta resolução (HPLC MS) (6420 Triple Quad LC/MS (Agilent Technologies, EUA)). O método de ionização utilizado foi o APCI (Atmospheric pressure chemical ionization). Os espectrómetros de massa foram selecionados da seguinte forma

- Gama de varrimento 50-2200 m/z.
- Os resultados obtidos foram calculados por comparação da superfície dos fragmentos iónicos [M+H]+=376 para o halaxyfop-P-metilo e [M+H]+=529 para o indoxacarbe, utilizando o método SIM - Single ion monitoring.
- Consumo de gás 4 l/min, temperatura do gás 300^0 C, pressão do gás no atomizador 20 psi, temperatura do evaporador 300^0 C, tensão capilar 4500 V, tensão do fragmentador 30 V.

Foi efectuada uma análise espectrométrica de massa completa de cada amostra, utilizando o método de análise quantitativa de pesticidas (cromatograma de iões extraídos por EIC). A quantidade de pesticidas residuais no fígado dos ratos experimentais A. foi efectuada com base nos métodos recomendados por Mamadrakhimov [1].

Os pesticidas galoxifope-P-metilo e indoxacarbe foram administrados per os no estômago de ratos a uma dose de DL50 1/10, e a sua quantidade residual no fígado de ratos foi determinada nos dias 5th , 10th , 20th , 30th e 40th após o envenenamento.

Os resultados obtidos e a sua análise. Inicialmente, nas nossas experiências, foram obtidas análises cromatográficas quantitativas do fígado dos animais do grupo galoxifop -P-metil e do grupo de controlo (saudáveis). Os resultados são mostrados na Figura 1 abaixo.

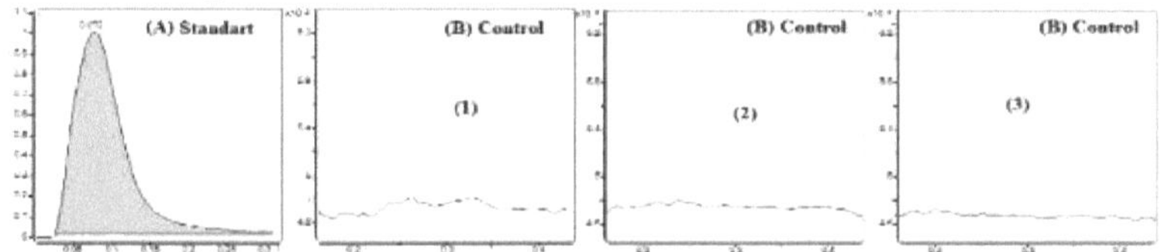

Figura 1. Cromatograma de uma solução padrão (A) de galoxifope-P-metilo 0,01 mg/ml e de uma amostra de fígado de ratos colhida para controlo (concentração da substância no eixo das ordenadas, tempo (min) no eixo das abcissas).

A partir dos resultados apresentados na figura 1, verifica-se que a quantidade de intensidade de absorção gerada para a solução de 0,01 mg/ml do galoxifope-P-metilo padrão foi determinada como sendo 0,0001 tig (figura 1, A). Nas amostras de fígado colhidas para controlo, não foi detectada a intensidade de absorção típica do galoxifope-P-metilo (figura 1, B 1.2.3).

Foram colhidas amostras de fígado de animais do grupo experimental ao fim de 5, 10, 20, 30 e 40 dias, tendo sido efectuadas análises cromatográficas. A figura 2 mostra cromatogramas de amostras de fígado colhidas após 5 dias de animais envenenados com uma dose única LD50 1/10 do pesticida galoxifope-P-metilo.

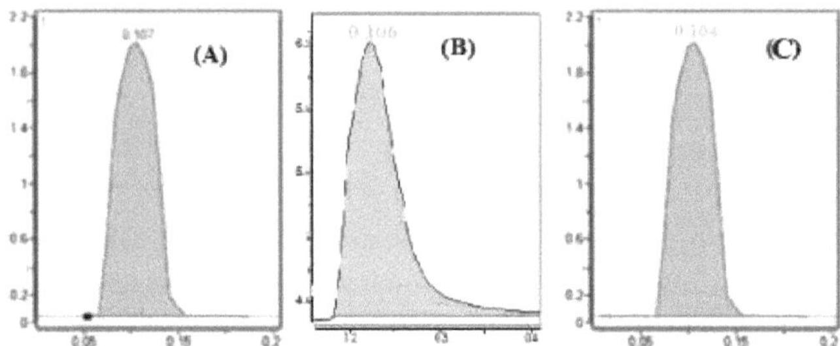

Figura 2. Cromatograma de amostras de fígado de ratos (A, B, C) após o 5º dia da experiência (concentração da substância no eixo das ordenadas, tempo (min) no eixo das abcissas).

Como se pode ver nos resultados apresentados na figura 2, formaram-se nas amostras de fígado picos cromatográficos caraterísticos do galoxifope-P-metilo. A quantidade de pesticida residual é estimada pelas superfícies dos cromatogramas, ou seja, pelos picos de absorção e pelas larguras. Os resultados obtidos mostraram que a amostra 1 tinha 0,01737 pg (Figura 2, A), a amostra 2 tinha 0,01638 pg (Figura 2, B) e a amostra 3 tinha 0,01629 pg (Figura 2, C).

Durante a investigação, foram colhidas amostras dos fígados dos animais após 10 dias e foram efectuadas análises cromatográficas. Os resultados são apresentados na Figura 3.

A partir dos resultados apresentados na figura 3, pode observar-se que a quantidade de galoxifope-P-metilo nas amostras de fígado dos animais diminuiu em comparação com o dia 5 (figura 3.3). Nomeadamente, a amostra 1 tem 0,00168 pg (Figura 3, A), a amostra 2 tem 0,00125 pg (Figura 3, B) e a amostra 3 tem 0,00184 pg (Figura 3, C).

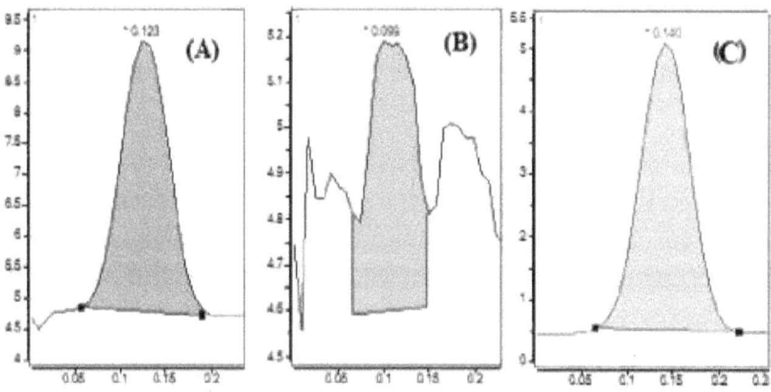

Figura 3. Cromatograma de amostras de fígado de ratos (A, B, C) após o 10.º dia da experiência (concentração da substância no eixo das ordenadas, tempo (min) no eixo das abcissas).

A partir dos resultados obtidos, pode-se observar que no 10^{oth} dia da pesquisa em relação ao 5° dia, a redução de galoxifop-P-metil no fígado dos animais foi significativamente observada (Tabela 1). Durante a pesquisa, foram retiradas amostras do fígado dos animais após 20 dias, e sua quantidade foi analisada por método cromatográfico. Os resultados são apresentados na Figura 4.

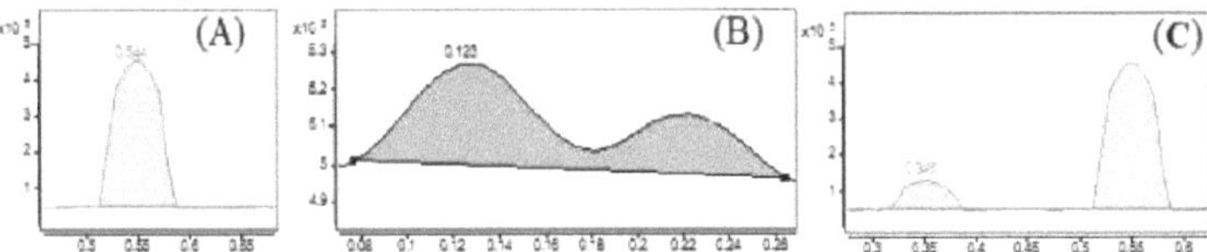

Figura 4. Cromatograma de amostras de fígado de ratos (A, B, C) após o 20.° dia da experiência. (concentração da substância no eixo das ordenadas, tempo (min) no eixo das abcissas).

Como se pode ver nos resultados apresentados na Figura 4, formaram-se picos de absorção caraterísticos do galoxifope-P-metilo nas amostras de fígado dos ratos, mesmo no 20.° dia do estudo. No entanto, verificou-se que a sua quantidade diminuiu em comparação com os dias 5-10 (Quadro 1). Em particular, verificou-se que 0,00023 ^g na amostra 1 (tomada contra 1 g de amostra) (Figura 3.4, A), 0,000151 pg na amostra 2 (Figura 4, B), 0,00014 pg na amostra 3 (Figura 4, C) continham uma quantidade de galoxifope-P-metilo.

Durante a investigação, foram recolhidas amostras do fígado dos ratos após 30 dias e foi determinada a quantidade de pesticidas. Os resultados são apresentados na Figura 5.

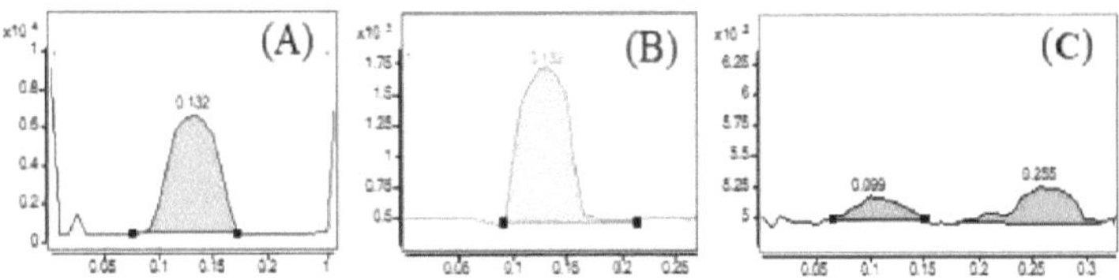

Figura 5. Cromatograma de amostras de fígado de ratos (A, B, C) após o 30.° dia da experiência. (concentração da substância no eixo das ordenadas, tempo (min) no eixo das abcissas).

Os resultados obtidos revelaram que, após o 30.° dia do estudo, se formaram picos de absorção típicos do galoxifope-P-metilo nas amostras de fígado dos animais (Figura 5). A diminuição da intensidade de absorção nestes espectros deve-se à diminuição da quantidade de galoxifope-P-metilo. Em particular, verificou-se que 0,0000094 pg na amostra 1 (tomada em relação a 1 g de amostra) (figura 5, A), 0,000153 pg na amostra 2 (figura 5, B), 0,000176 pg na amostra 3 (figura 5, C) continham uma quantidade de galoxifope-P-metilo (quadro 1).

Durante a investigação, a quantidade foi determinada através da recolha de amostras do fígado dos animais após 40 dias. Os resultados são apresentados na Figura 6.

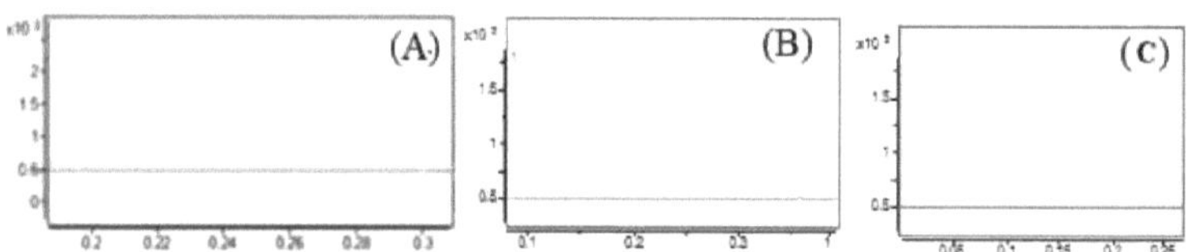

Figura 6. Cromatograma de amostras de fígado de 3 ratos (A, B, C) após o dia
40 da experiência. (concentração da substância no eixo das ordenadas, tempo (min) no eixo das abcissas).

Como se pode ver nos resultados apresentados na Figura 6, não se formaram picos de absorção caraterísticos do galoxifope-P-metilo nas amostras de fígado dos animais após os 40th dias do estudo (Figura 6, A, B, C). Os resultados não revelaram níveis residuais de galoxifope-P-metilo nas amostras de fígado dos animais após 40 dias. Os valores médios obtidos com base nos picos de absorção caraterísticos do galoxifope-P-metilo são apresentados no quadro 1 infra.

Quadro 1

Quantidade de pesticidas residuais no fígado de ratos envenenados com
Galaxifop-P-metilo (LD50 1/10)

Grupos experimentais	Resíduo de galaxifope-P-metilo, quantidade (pg) por 1 grama de amostra (n=3).				
	Dias				
	5	10	20	30	40
Controlo	-	-	-	-	-
Galoxifope-P-metilo	0.01741	0.00159	0.000138	0.0000164	-

Os resultados obtidos mostraram que a quantidade mais elevada de pesticidas residuais no fígado dos ratos foi determinada nos dias 5th e 10th após o envenenamento. Observou-se que este indicador diminuiu nos 20th e 30th dias após o envenenamento. Aos 40th dias do estudo, não foi observada qualquer acumulação de pesticidas residuais no fígado dos ratos. Nas experiências seguintes, foi efectuada uma análise cromatográfica da quantidade residual de pesticida indoxacarb no tecido hepático, em função da dinâmica de 10-40 dias. Em experiências posteriores, foi determinada a quantidade residual do pesticida indoxacarbe no tecido hepático dos ratos. Inicialmente, foram obtidas análises cromatográficas quantitativas do indoxacarbe e dos animais do grupo de controlo (saudáveis). Os resultados são mostrados na Figura 7 abaixo.

Como se pode ver nos resultados apresentados na figura 7, a quantidade de indoxacarbe na intensidade de absorção gerada para a solução de 0,01 mg/ml foi de 0,0001 pg (figura 7, A). Nas amostras de fígado de controlo, não foram detectados picos de absorção típicos do indoxacarbe (figura 7 A, B).

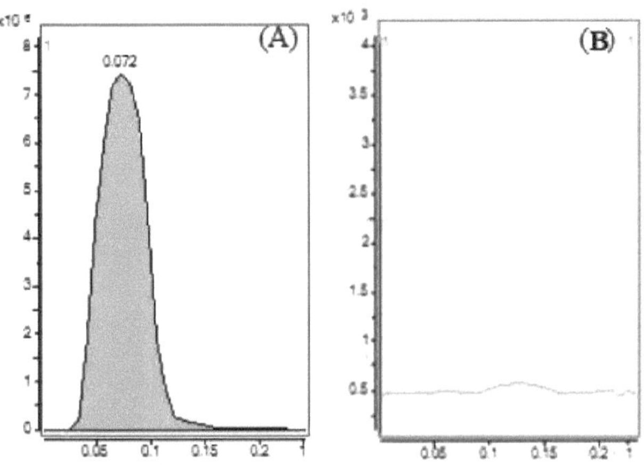

Figura 7. Cromatograma da amostra de fígado de rato obtido para a solução padrão (A) de indoxacarb 0,01 mg/ml e para o controlo (B) (concentração da substância no eixo das ordenadas e tempo (min) no eixo das abcissas).

As amostras de fígado dos animais do grupo experimental foram colhidas 5, 10, 20, 30 e 40 dias após o envenenamento e foram efectuadas análises cromatográficas quantitativas. Nos estudos, os animais do grupo experimental foram envenenados com o pesticida indoxacarb numa dose de LD50 1/10. As amostras de fígado dos animais após o dia 5 são apresentadas na Figura 8. Os resultados mostram que foram produzidos picos de absorção típicos do indoxacarb nas amostras de fígado.

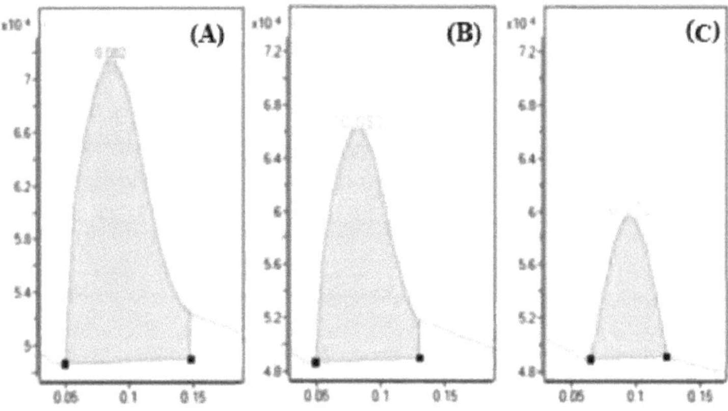

Figura 8. Cromatograma de amostras de fígado de ratos (A, B, C) após o 5º dia da experiência (concentração da substância no eixo das ordenadas e tempo (min) no eixo das abcissas).

Os resultados obtidos mostraram que a amostra 1 tinha 0,03274 pg (Figura 8 A), a amostra 2 tinha 0,03270 pg (Figura 8 B) e a amostra 3 tinha 0,03271 pg (Figura 8 B).

Durante a investigação, foram efectuadas análises cromatográficas através da recolha de amostras do fígado dos animais após 10 dias. Os resultados são apresentados na Figura 9.

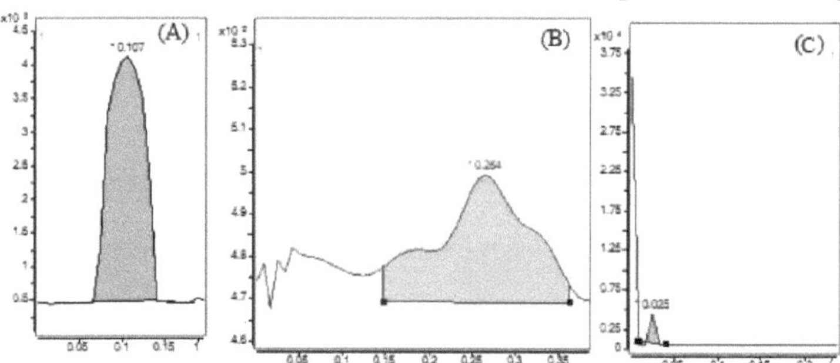

Figura 9. Cromatograma de amostras de fígado de ratos (A, B, C) após o 10.º dia da experiência (concentração da substância no eixo das ordenadas e tempo (min) no eixo das abcissas).

Como se pode ver nos resultados apresentados na Figura 9, a quantidade de indoxacarbe nas amostras de fígado dos animais diminuiu em comparação com o dia 5th. Em particular, a amostra 1 tinha 0,00473 pg (Figura 9, A), a amostra 2 tinha 0,00254 pg (Figura 9, B) e a amostra 3 tinha 0,00292 pg (Figura 9, C). foram encontrados para conter o pesticida indoxacarbe (Tabela 2). Como se

10

pode ver pelos resultados obtidos, no dia 10th em comparação com o dia 5th da investigação, a quantidade de pesticida indoxacarb no fígado dos animais foi significativamente reduzida.

Durante a pesquisa, foram retiradas amostras do fígado dos animais após 20 dias, e a sua quantidade foi analisada por método cromatográfico. Os resultados são apresentados na Figura 10.

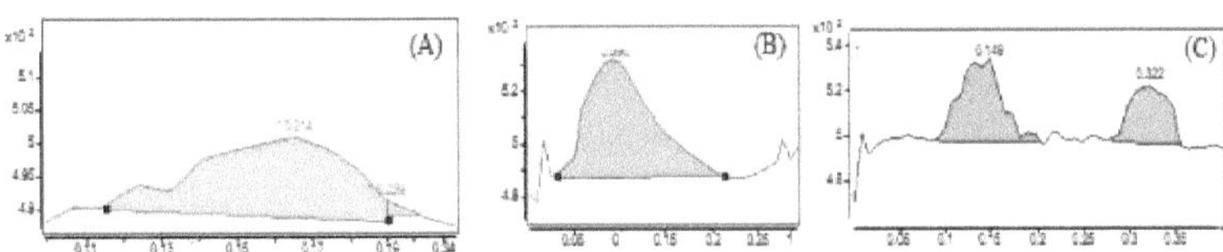

Figura 10. Cromatograma de amostras de fígado de ratos (A, B, C) após o 20.º dia da experiência (concentração da substância no eixo das ordenadas e tempo (min) no eixo das abcissas).

De acordo com os resultados obtidos, mesmo no 20[oth] dia da investigação, formaram-se picos de absorção típicos do indoxacarb nas amostras de fígado dos animais (Figura. 10). No entanto, verificou-se que a sua quantidade diminuiu significativamente em comparação com 10 dias. Em particular, verificou-se que 0,000488 pg na amostra 1 (tomada contra 1 g de amostra) (Figura 10, A), 0,000484 pg na amostra 2 (Figura 10 B), 0,000409 pg na amostra 3 (Figura 10, C) continham uma quantidade de indoxacarbe (Quadro 2).

Durante os estudos, a quantidade de pesticida residual foi determinada no fígado dos animais 30 dias após o envenenamento. Os resultados são apresentados na figura 11. De acordo com os resultados do estudo, após 30 dias, formaram-se picos de absorção típicos do indoxacarbe nas amostras de fígado dos animais (Figura 11).

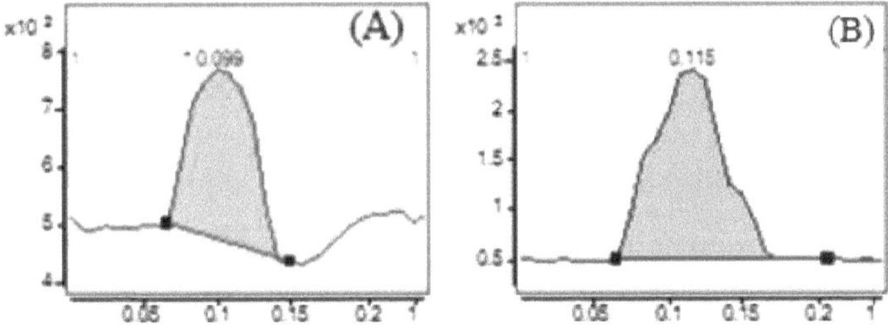

Figura 11. Cromatograma de amostras de fígado de ratos (A, B) após o 30.º dia da experiência (concentração da substância no eixo das ordenadas, tempo (min) no eixo das abcissas).

A diminuição da intensidade de absorção nos espectros deve-se à diminuição da quantidade de indoxacarbe. Nomeadamente, 0,0000155 pg na amostra 1 (tomada contra 1 g de amostra) (Figura 11, A), 0,0000136 pg na amostra 2 (Figura 11, B).

Durante a investigação, a quantidade foi determinada através da recolha de amostras dos fígados dos animais após 40 dias. Os resultados são apresentados na Figura 12.

Durante a investigação, a quantidade foi determinada através da recolha de amostras dos fígados dos animais após 40 dias. Os resultados são apresentados na Figura 12.

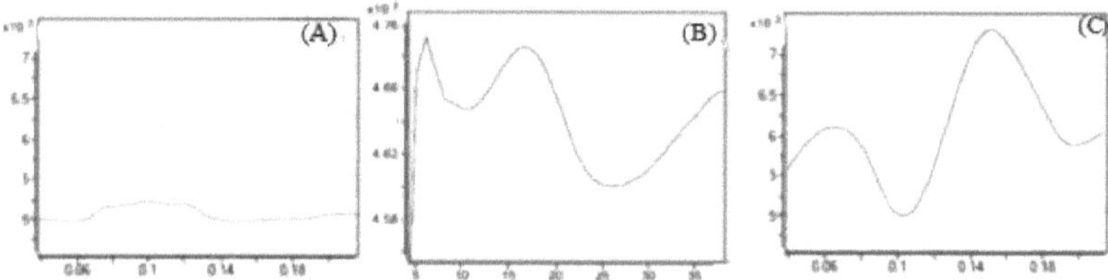

Figura 12. Cromatograma de amostras de fígado de 3 ratos (A, B, C) após o 40.º dia da experiência (concentração da substância no eixo das ordenadas, tempo (min) no eixo das abcissas).

Como se pode ver nos resultados apresentados na figura 12, não foi encontrado qualquer fragmento de absorção específico para o indoxacarbe em amostras de fígado de animais após 40 dias de estudo. Os resultados não revelaram a presença de indoxacarbe em amostras de fígado de animais após 40 dias. Os resultados obtidos correspondem aos dados da literatura. Após o envenenamento de ratos com karaté numa dose de $LD_{501/10}$, a quantidade mais elevada de pesticida residual foi detectada no dia 10th . A quantidade de pesticida residual não foi detectada nos cromatogramas 50 dias após o envenenamento [5].

Os valores médios obtidos com base nos picos de absorção caraterísticos do indoxacarbe são apresentados no quadro 2.

Quadro 2

Níveis de pesticidas residuais no fígado de ratos envenenados com indoxacarbe

$(LD_{501/10})$.

Grupos experimentais	Quantidade residual de indoxacarbe, (gg) por grama de amostra (n=3)				
	Dias				
	5	10	20	30	40
Controlo	-	-	-	-	-
Indoxacarbe	0.03271	0,00340	0,000460	0,0000146	-

Assim, foram detectados níveis elevados de resíduos no tecido hepático de ratos envenenados com galoxifope-P-metilo e indoxacarbe 5-10 dias após o envenenamento. Observou-se que este indicador diminuiu nos 20th e 30 dias após o envenenamento. Os resultados do estudo mostraram que a quantidade residual de pesticidas administrados a ratos não foi detectada no tecido hepático até 40 dias. Os nossos resultados mostraram que a quantidade de pesticidas residuais era mais elevada no fígado dos ratos envenenados com indoxacarbe do que no fígado dos ratos envenenados com galoxifope-P-metilo.

Com base nos nossos resultados, pode concluir-se que a quantidade de pesticidas residuais no fígado dos ratos afecta os indicadores bioquímicos e fisiológicos das mitocôndrias do fígado e provoca uma série de alterações[4; 5; 10].

Referências

1. Asrorov A.M., Matusikova I. Ziyavit dinov J.F., Gregorova Z., Majercikova V., Mamadrakhimov A.A. Changes in soluble protein profile in cotton leaves indicate rubisco damage after treatment with sumi-alpha insecticide // Agriculture (Pol'nohospodarstvo). - 2020. - V.66 (1). - P.40-44.

2. Frenich A.G., Bolanos P.P., Vidal J.L.M. Análise multirresíduo de pesticidas em fígado animal por cromatografia gasosa com espetrometria de massa em tandem com triplo quadrupolo // Journal of Chromatography A - 2007. -V.1153. - P.194-202.

3. Mahmoud A.F.A., Ikenaka Y., Yohannes Y.B., Darwish W.S., Eldaly E.A., Morshdy A. E. M.A., Nakayama S. M.M., Mizukawa H., Ishizuka M. Distribuição e avaliação dos riscos para a saúde dos resíduos de pesticidas organoclorados (OCPs) em tecidos comestíveis de bovinos do nordeste do Egito: Alto nível de acumulação de OCPs na língua // Chemosphere -2016. - V.144 -P.1365-1371.

4. Parpiyeva M., Mirkhamidova P. Pozilov M.K., Tuychieva D.S., Mustafakulov M.// Efeitos de alguns compostos flavonóides na atividade das enzimas antioxidantes das mitocôndrias do fígado de ratos envenenados por Galaxyphop-R-Methyl e indoxacarb // Efflatounia-Multidisciplinary Journal.- 2021. -V.5(2). P.26592664.

5. Parpiyeva M., Mirxamidova P., Pozilov M.,Tuychiyeva D. The Effect of Phlavonoids on Precisely Oxidation of Lipids of the Membrane of the rat liver mitochondria, poisoned with pesticides//Jundishapur Journal of Microbiology. - 2022 . - Vol. 15(1).- P. 676-681

6. Алимбабаева Н.Т., Мирхамидова П., Исабекова М.А., Зикиряев А., Файзуллаев С.С. Действие остаточных количеств карате на активность митохондриальных ферментов гепатоцитов // Узбекский биологический журнал - 2005. - №4. - С. 15-19.

7. Ведищева Д.В., Соболева И.Г./Изучение условий определения остаточных количеств неоникотиноидных инсектицидов методом высокоэффективной жидкостной хроматографии /Сорбционные и хроматографические процессы. - 2009. - Т. 9.(1). - С.154-163.

8. Каган Ю. С. Актуальные вопросы гигиены и токсикологии. // Гигиена применения, токсикология пестицидов и клиника отравлении. -1970. - Т. 8. - С.18-30.

9. Нурматова М.И., Юлдашев З.А. Имидаклоприд ва Ацетамиприд пестицидларини юнца цатлам хроматографик тахдил услубини ишлаб чициш // Фармацевтика журнали - 2019. - №1. - Б.48-53.

10. Омарова З.М. Влияние пестицидов на здоровье детей. Российский

вестник перинатологии и педиатрии. -2010. -№1. - С.59-63.

11. Парпиева М.Ж., Мирхамидова П., Позилов М.К., Туйчиева Д.С., Мустафацулов М.А. Зах,арлантирилган каламуш жигари митохондриясининг айрим ферментларига антиоксидантларнинг таъсири/// Инфекция,иммунитетифармакология.-2021. -№6. - С.136-141.

12. Штабский Б.М. Учение о кумуляции и его применение в профилактической токсикологии // Актуальные проблемы транспортной медицины - 2014. - Т.1(35). - С.7-19.

CAPITULO 2

O EFEITO DOS FLAVONÓIDES NA OXIDAÇÃO PRECISA DOS LÍPIDOS DA MEMBRANA DAS MITOCÔNDRIAS DO FÍGADO DE RATO, ENVENENADAS COM PESTICIDAS

Anatação. Os efeitos do produto da peroxidação dos lípidos nas mitocôndrias do fígado de ratos envenenados por pesticidas sobre os níveis de malondialdeído da soforoflavonozida e da narcissina foram estudados em termos de dinâmica de 10, 20, 30 e 40 dias. Nos ratos, os pesticidas indoxacarbe e galoxifope-P-metilo foram administrados uma vez com uma sonda especial a uma dose de DL_{50} 1/10. Os pesticidas galoxifope-P-metilo e indoxacarbe foram administrados por via oral a grupos experimentais numa dose de 10 mg / kg de soforoflavonozida e 10 mg / kg de flavonoide narcisina uma vez por dia durante 10 dias. Sob a influência dos pesticidas, observou-se um aumento acentuado da intensidade da peroxidação dos lípidos da membrana mitocondrial. Observou-se que substâncias vegetais selecionadas, como a soforoflavonozida e os flavonóides de narcisina, reverteram em certa medida as alterações mitocondriais causadas pelos pesticidas. Nestas experiências, as propriedades antitóxicas da narcisina demonstraram ser eficazes contra o flavonoide soforoflavonozida.

Palavras-chave: pesticida, fígado, mitocôndria, rato, flavonoide, soforoflavonozida, narcisina, lípido, oxidação da peroxidação

Muitos centros científicos em todo o mundo estão a realizar uma investigação aprofundada para criar novos tipos de pesticidas menos amigos do ambiente. Ao mesmo tempo, é dada especial atenção ao desenvolvimento de novas abordagens para a correção da disfunção mitocondrial associada aos efeitos tóxicos dos pesticidas nos organismos vivos, bem como à intoxicação do fígado com compostos vegetais. Uma das tarefas pendentes a este respeito é a deteção de perturbações funcionais das mitocôndrias do fígado resultantes dos efeitos tóxicos dos pesticidas e a sua correção por meio de compostos flavonóides. Nesta base, é necessário avaliar o efeito antitóxico dos flavonóides e criar novos tipos de medicamentos.

Por conseguinte, é importante identificar fármacos com propriedades antitóxicas entre os compostos vegetais, avaliar o seu impacto nas funções das células e membranas do fígado e aplicá-los na prática terapêutica.

Os principais centros de investigação do mundo estão a investigar os danos causados pelos pesticidas nos organismos, a disfunção das células e das mitocôndrias e os mecanismos da sua correção através de compostos vegetais. Foram estudados os efeitos carcinogénicos dos resíduos de pesticidas obtidos através do consumo de carne de bovino, que é um produto alimentar. Em estudos, os níveis residuais de 22 pesticidas organoclorados diferentes foram encontrados em 152 ng / g no fígado de bovinos, 266 ng / g nos rins e 488 ng / g na língua [1,2]. Verificou-se que o endossulfão de compostos organoclorados provoca perda de peso, processos metabólicos no fígado, alterações na energia, nos aminoácidos, no metabolismo lipídico e na microflora intestinal em ratos alimentados com uma dieta normal [3,4].

Uma das principais alterações do metabolismo celular é a ativação da peroxidação lipídica (peroxidação dos lípidos). Em condições fisiológicas normais, a membrana é controlada pelo sistema de defesa antioxidante da peroxidação dos lípidos. Sob a influência de vários fármacos, a peroxidação dos lípidos aumenta e este processo conduz à rutura das estruturas celulares. Amplamente utilizados na agricultura, os pesticidas provocam uma série de alterações nos tecidos e células dos organismos vivos. Quando activos com pesticidas, a forma ativa de oxigénio formada como resultado do stress oxidativo nos organelos celulares, incluindo as mitocôndrias, provoca um aumento da peroxidação dos lípidos nas membranas interna e externa. Isto conduz a danos nos tecidos e nos órgãos [5,6,7]. Nas biomembranas, a peroxidação dos lípidos é um processo bioquímico molecular de radicais livres que oxida os ácidos gordos livres que fazem parte dos lípidos insaturados e dos fosfolípidos das membranas biológicas. Foi observado que esta condição resulta na formação de H_2O_2 como resultado da oxidação de Fe^{2+} pelo oxigénio molecular [8,9]. É de grande importância estudar a formação de radicais livres e o sistema antioxidante nas lesões mitocondriais do fígado quando envenenado com pesticidas.

Os processos de desintoxicação são efectuados por todos os órgãos, principalmente o fígado. As lesões hepáticas afectam o metabolismo. O aparecimento e o desenvolvimento de uma série de condições patológicas em seres humanos e animais ocorre como resultado da peroxidação dos lípidos - ativação das membranas celulares [10,12].

Muitos pesticidas utilizados na agricultura têm um efeito negativo no fígado, no cérebro, no coração e no sistema sanguíneo dos mamíferos. Os mecanismos de ação molecular dos pesticidas nas células e nos seus organelos (mitocôndrias, microssomas) são diferentes e, em geral, as mitocôndrias levam a um aumento acentuado da quantidade de radicais livres da cadeia respiratória [11]. A intensidade da formação da forma ativa de oxigénio sob a influência de pesticidas leva a um aumento da peroxidação dos lípidos nas membranas interna e externa das mitocôndrias. Os pesticidas enfraquecem o sistema de defesa antioxidante nas mitocôndrias, e as enzimas antioxidantes podem decompor e reduzir a quantidade de radicais livres (- $1O_2$, - O_2-, - OH e H_2O_2) no citosol. Isto pode levar ao desenvolvimento da doença de Parkinson como resultado da intoxicação das células cerebrais, especialmente em casos de envenenamento por pesticidas [12,13]. No entanto, a base molecular dos efeitos dos pesticidas galoxifope-P-metilo e indoxacarbe, recentemente sintetizados, nos tecidos e nas células ainda não foi totalmente estudada. Para o efeito, nesta experiência, foram estudados os efeitos da peroxidação das mitocôndrias do fígado de ratos envenenados por pesticidas, do produto lipídico malondialdeído, na quantidade de soforoflavonozida e narcissina, em função da dinâmica de 10, 20, 30 e 40 dias.

Materiais e métodos de investigação. Os animais experimentais foram divididos em grupos-modelo separados para a intoxicação com os pesticidas galoxifope-P-metilo e indoxacarbe e a sua correção com flavonóides.

Inicialmente, os ratos machos selecionados para a intoxicação com o pesticida galoxifope-P-metilo foram divididos nos seguintes grupos:

Grupo I - saudável (controlo) (n = 5);

Grupo II - galoxifope-P-metilo (n = 5-6);

Grupo III - galoxifope-P-metil soforoflavonozida (n = 5-6);

Grupo IV - galoxifope-P-metilo + narcisina (n = 5-6).

Os animais dos grupos II, III e IV da experiência foram envenenados uma vez com uma sonda especial do pesticida galoxifope-P-metilo com uma dose de LD50 1/10. O pesticida galoxifope-P-metilo foi administrado por via oral uma vez por dia ao grupo III de soforoflavonozida numa dose de 10 mg / kg e aos animais do grupo IV numa dose de 10 mg / kg de flavonoide narcissina durante 10 dias.

Os ratos envenenados com o pesticida indoxacarb também foram agrupados;

Grupo I - saudável (controlo) (n = 5);

Grupo II - indoxacarbe (n = 5-6);

Grupo III - indoxacarbe + soforoflavonozida (n = 5-6);

Grupo IV - indoxacarb + narcissine (n = 5-6).

Os animais dos grupos II, III e IV da experiência foram envenenados uma vez com uma sonda especial com uma dose LD50 1/10 com pesticida indoxacarb. Após a administração do pesticida indoxacarb, a soforoflavonozida foi administrada por via oral uma vez por dia ao grupo experimental III numa dose de 10 mg / kg de flavonoide narcissina e aos animais do grupo IV numa dose de 10,0 mg / kg uma vez por dia durante 10 dias.

Ratos envenenados por pesticidas e 10, 20, 30 e 40 dias após a administração de soforoflavonozida e flavonóides narcissina a ratos corrigidos para correção foram estudados quanto à peroxidação lipídica nas mitocôndrias do fígado e à restauração da disfunção da membrana.

A determinação da oxidação da peroxidação dos lípidos baseia-se na reação entre o malon dialdeído (malondialdeído) e os ácidos tiobarbitúricos (ácido tiobarbitúrico), ou seja, forma-se um complexo trimetil colorido a alta temperatura e em ambiente de pH ácido [14,15]. Foi medido a um comprimento de onda de 532 nm num espetrofotómetro de complexos.

Os resultados obtidos e a sua análise. Retirar 0,5 ml do sobrenadante da solução e adicionar as seguintes soluções em sequência: 0,5 ml de solução de triton X-100 1%, 0,2 ml de HCl 0,6 M e 0,8 ml de solução de trabalho de ácido tiobarbitúrico 0,06 M. A mistura resultante é colocada num banho de água a ferver durante 10 minutos. Arrefecer a 15 °C durante 30 minutos. Após arrefecimento, foram adicionados 0,2 ml de solução de Trilon B e 5 ml de etanol a 96% para estabilizar a cor resultante. Todas as soluções foram adicionadas à solução de controlo (exceto a solução de trabalho de ácido tiobarbitúrico 0,06 M). A acumulação de produtos de peroxidação dos lípidos é observada através da reação do malondialdeído com o ácido tiobarbitúrico. Os resultados obtidos são expressos em nmol / mg de proteína.

De acordo com os resultados, a quantidade de produto de peroxidação de lípidos malondialdeído na membrana das mitocôndrias do fígado nos dias 10, 20, 30 e 40 dias após o envenenamento em ratos envenenados com o pesticida galoxifope-P-metilo foi de 35,7 ± 2,8%, respetivamente, em comparação com o controlo (grupo I), 39,1 ± 3,2%, 36,4 ± 2,5% e 32,1 ± 2,2%, respetivamente. Isto indica uma aceleração do processo de peroxidação de lípidos na membrana mitocondrial sob a influência do pesticida galoxifope-P-metilo. Nas mitocôndrias dos ratos do grupo III tratados com soforoflavonozida, a quantidade de malondialdeído nas mitocôndrias hepáticas foi de 9±0,8% aos 10 dias, 20, 30 e 40 dias em comparação com o grupo II, respetivamente, 15,6±1,2%, 21,3 ± 1, respetivamente. Diminuiu em 5% e 19,8 ± 1,6%, respetivamente (Figura 1).

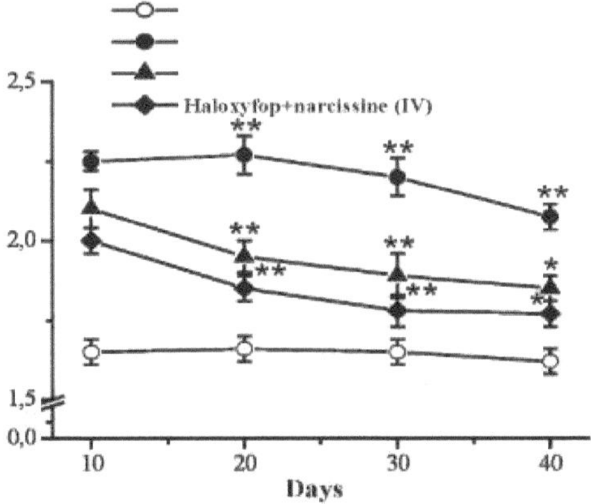

Figura 1. Efeitos do malondialdeído mitocondrial hepático em ratos

19

envenenados com o pesticida galoxifope-P-metilo na dinâmica da soforoflavonozida e da narcissina aos 10, 20, 30 e 40 dias (* P<0,05; * P<0,01; n = 5-6).

Nos ratos do grupo IV aos quais foi administrada narcisina, após 10 e 20 dias, os níveis de malondialdeído eram de 11,5 ± 0,9% e 21,6 ± 1,6%, respetivamente, tendo sido observada uma diminuição fiável em comparação com as classificações do grupo II. No entanto, nos dias 30 e 40, a quantidade de malondialdeído nas mitocôndrias do fígado foi de 28,6 ± 2,1% e 26,0 ± 2,2% mais baixa, respetivamente, do que no grupo II (Figura. 1). Nas mitocôndrias do fígado de ratos envenenados com o pesticida galoxifope-P-metilo, verificou-se que a atividade da narcisina era ligeiramente superior à da soforoflavonozida na quantidade de malondialdeído.

Na nossa experiência seguinte, estudámos o efeito dos ratos envenenados com indoxacarb nos níveis de malondialdeído mitocondrial do fígado. De acordo com os resultados, a quantidade de peroxidação do produto lipídico malondialdeído nas mitocôndrias do fígado aos 10, 20, 30 e 40 dias em ratos envenenados com o pesticida indoxacarb aos 10, 20, 30 e 40 dias foi de 36,4 ± 2,4%, 36,7 ± 2,8%, 33,3, respetivamente. Aumento de ± 1,9% e 25,7 ± 1,3%, respetivamente. Os níveis de malondialdeído nas mitocôndrias hepáticas em ratos do grupo III tratados com soforoflavonozida foram 10, 20, 30 e 40 dias superiores aos do grupo II, respetivamente, em 9,1 ± 0,8%, 16,4 ± 1,2% e 18,8 ± 2, respetivamente, diminuídos em 1% e 11,5 ± 1,2%, respetivamente (Figura. 2).

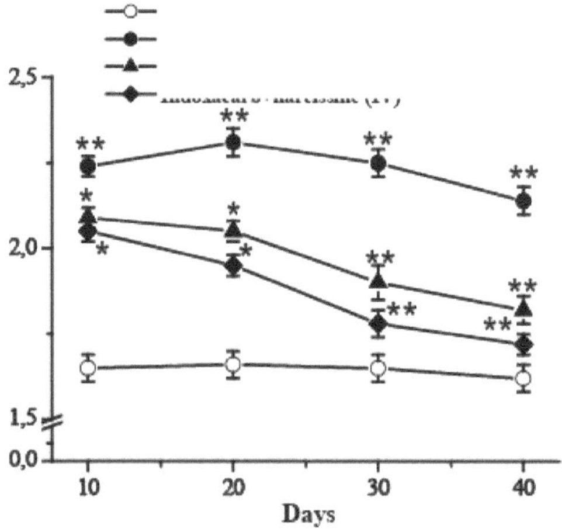

Figura 2. Efeito da soforoflavonozida e da narcissina nos níveis de malondialdeído nas mitocôndrias do fígado de ratos envenenados com o pesticida indoxacarb em função da dinâmica de 40 dias (* P <0,05; * P

<0,01; n = 5-6).

Nos ratos do grupo IV aos quais foi administrada narcissina, observou-se uma diminuição do malondialdeído aos 10 e 20 dias de 15,2 ± 1,2% e 25,3 ± 1,7%, respetivamente, em comparação com as avaliações do grupo II. No entanto, nos dias 30 e 40, a quantidade de malondialdeído nas mitocôndrias do fígado foi 25,5 ± 1,6% e 16,4 ± 1,5% menor, respetivamente, do que no grupo II (Figura. 2).

Os resultados obtidos indicam um aumento acentuado da intensidade da peroxidação lipídica da membrana mitocondrial sob a influência de pesticidas. Os pesticidas podem causar alterações na estabilidade das membranas, perturbação do transporte de iões e dos processos de síntese de trifosfato de adenosina, formação de radicais livres e perturbação funcional do sistema de defesa antioxidante. Observou-se que substâncias vegetais selecionadas, como a soforoflavonozida e os flavonóides narcisina, reverteram em certa medida as alterações mitocondriais causadas por pesticidas. Nestas experiências, as propriedades antitóxicas da narcisina demonstraram ser eficazes contra o flavonoide soforoflavonozida.

Referências

1. Mirxamidova P., Tuychiyeva D., Babaxanova D., Parpiyeva M. Influência do karaté na atividade das enzimas do sistema anti-oxidante da proteção do fígado de rato e formas de correção//European Journal of Molecular & Clinical Medicine, Volume 07, Edição 03, 2020, p. 3757- 3765.

2. Mahmoud A.F.A., Ikenaka Y., Yohannes Y.B., Darwish W.S., Eldaly E.A., Morshdy A. E. M.A., Nakayama S. M.M., Mizukawa H., Ishizuka M. Distribuição e avaliação dos riscos para a saúde dos resíduos de pesticidas organoclorados (OCPs) em tecidos comestíveis de bovinos da região nordeste do Egito: elevado nível de acumulação de CPs na língua//Chemosphere -2016. -V.144 -p.13651371.

3. Zhang P., Zhu W., Wang D., Yan J., Wang Y., Zhou Z., He L.Acombined NMR- and HPLC-MS/MS- based metabolomics to evaluate the metabolic perturbations and subacute toxic effects of endosulfan on mice // Environ. Sci. Pollut. Res. - 2017. - V.24. - p. 18870-18880.

4. Tuychieva D., Mirkhamidova, Babakhanova D., Parpieva M., Alimova R. Effect of pesticides on the activity of some rat liver enzymes and ways of their correction //Norwegian Journal of development of the International Science, 2020., No 45, p.8-14.

5. Алимбабаева Н.Т., Холитова Р.А., Мирхамидова П., Тутунджан А.А., Зикиряев А., Файзуллаев С.С. Действие каратэ на перекисное окисление липидов в митохондриях и микросомах печени крыс//Узбекский биологический журнал - 2005. - №6. - с. 34-37.

6. Moskvichov D.V., Levina I.L., Gvozdenko E.S. Peroxidação lipídica e atividade de enzimas antioxidantes em girinos de rã com garras sob a ação de pesticidas diazóis//Espécies reactivas de oxigénio e azoto, antioxidantes e saúde humana. -2003. - P. 194-195.

7. Slaninova A., Smutna M., Modra H., Svobodova Z. Uma revisão: Oxidative stress in fish induced by pesticides//Neuroendocrinology Letters -2009. - V.30 (1). - p.212.

8. P. Mirxamidova, D.Tuychieva, D.B. Boboxonova, M. Parpieva, R.Alimova. Effect of pesticide karate on some indicators of rat blood//Special Issue on Basis of Applied Sciences and Its Development in the Contemporary World Published in Association with, Novateur Publication India's International Journal of Inovações em Investigação e Tecnologia em Engenharia [IJIERT], 27 de agosto, 2020, p. 419-424

9. Позилов М.К. Экспериментал диабетда митохондрия мембранасининг бузилишлари ва уларни усимлик моддалари билан корекциялаш: дис. докт. биол. наук. Ташкент, - 2020. - с. 206.

10. Владимиров Ю.А., Арчаков А.Н. Перекисное окисление липидов в биологических мембранах//М..: Наука, -1972. - с. 252.

11. Tebourbi O., Sakly M., Rhouma K.B.Mecanismos moleculares de toxicidade dos pesticidas//InTech - 2011. - P. 297-332.

12. Parpieva M., Mirkhamidova P., Tuychieva D. Determinação de pesticida residual no fígado de ratos envenenados com pesticida indoxacarb / / European Journal of Molecular & Clinical Medicine, 2020, Volume 07, Edição 03, p. 44974505.

13. Franco R., Li S., Rodriguez-Rocha H., Burns M., Panayiotidis M.I. Molecular mechanisms of pesticide-induced neurotoxicity: Relevância para a doença de Parkinson // Chemico-Biological Interactions - 2010. - V.188. - p. 289-300.

14. Рогожин В.В. Практикум по биохимии: Учебное пособие. - СПб.: Изд "ЛАН",- 2013. - С.544.

15. Tebourbi O., Sakly M., Rhouma K.B.Mecanismos moleculares de toxicidade dos pesticidas//InTech - 2011. - P. 297-332

EFEITO DO SOFOROFLAVONÓSIDO E DOS FLAVONÓIDES DA NARCISINA NA QUANTIDADE DE DIALDEÍDO DE MALÃO E DA ENZIMA CITOCROMO-C-OXIDASE, UM PRODUTO DA PEROXIDAÇÃO DOS LÍPIDOS NAS MITOCÔNDRIAS DO FÍGADO DE RATOS ENVENENADOS PELO PESTICIDA GALOXIFOPE-P-METILO

Anotação. Neste estudo, foram estudados os efeitos dos flavonóides sophoraflavonolonoside e narcissine na quantidade de dialdeído malon e na atividade da enzima citocromo oxidase da oxidação da peroxidação lipídica das mitocôndrias do fígado de ratos envenenados com o pesticida galoxifop-P-metil durante 10, 20, 30 e 40 dias. O grupo experimental foi administrado a ratos com o pesticida galoxifope-P-metilo na dose LD50 1/10 através de uma sonda especial. Após a administração do pesticida galoxifope-R-metilo, os animais foram administrados por via oral a uma dose de 10 mg / kg de soforaflavonolonósido e de flavonoide narcisina uma vez por dia durante 10 dias para correção.

Palavras-chave: fígado, mitocôndria galoxifop-P-metilo, sophoraflavonolonoside (SFL), narcisina, peroxidação lipídica (LPO), dialdeído de malão, citocromo-c- oxidase.

A utilização generalizada de pesticidas na agricultura e o seu intercâmbio estável no ambiente externo (solo, água, plantas, animais e corpo humano) representam uma grande ameaça para a saúde humana [3; 14]. Os pesticidas correm o risco de se acumularem em grandes quantidades no solo, especialmente nas suas camadas superiores, com a capacidade de os armazenar durante 10 anos ou mais. [3; 4; 9].

Os pesticidas utilizados na agricultura são tóxicos não só para as pragas, mas também para o corpo humano e animal, causando uma série de alterações nos tecidos e nas células. Uma das principais alterações no metabolismo celular é a ativação da LPO. Em condições fisiológicas normais, a membrana é controlada pelo sistema de defesa antioxidante LPO. Sob a influência de vários fármacos, a LPO aumenta, e este processo leva à destruição das estruturas celulares [15]. A ROS, que se forma como resultado do stress oxidativo nos organelos celulares de organismos contaminados com pesticidas, incluindo as mitocôndrias, provoca um aumento da LPO das membranas interna e externa. Este facto conduz a danos nos tecidos e nos órgãos [1; 18]. Nas biomembranas, a LPO é um processo bioquímico molecular de radicais livres que oxida os ácidos gordos livres que fazem parte dos lípidos insaturados e dos fosfolípidos das membranas biológicas. Foi observado que esta condição resulta na formação de H2O2 como resultado da oxidação de Fe^{2+} pelo oxigénio molecular [8]. O estudo da formação de radicais livres e do sistema antioxidante na lesão das mitocôndrias do fígado de um organismo contaminado com pesticidas é de grande importância.

Sabe-se que os processos de desintoxicação ocorrem principalmente no fígado. As lesões hepáticas afectam o metabolismo. O aparecimento e o desenvolvimento de uma série de condições patológicas no organismo ocorrem em resultado da ativação das membranas celulares por LPO [2].

Os mecanismos de ação molecular dos pesticidas nas células e nos seus componentes estruturais (mitocôndrias, microssomas) são diferentes e, em geral, as mitocôndrias conduzem a um aumento acentuado da quantidade de radicais livres na cadeia respiratória [19]. A intensidade da formação de ROS sob a influência de pesticidas leva a um aumento do LPO das membranas interna e externa das mitocôndrias.

Os produtos de peroxidação dos lípidos afectam uma série de processos, ou seja, inibem a atividade das enzimas ligadas às membranas, aumentam a sua permeabilidade e, consequentemente, conduzem à sua degradação [16].

A enzima citocromo-c-oxidase está envolvida no transporte de electrões do terceiro complexo respiratório para o quarto complexo na membrana mitocondrial [16; 20]. As alterações da atividade da enzima citocromo-c-oxidase, que está ligada à membrana mitocondrial sob a influência de vários pesticidas, conduzem a uma diminuição do potencial da membrana e da síntese de ATF [19].

A base molecular dos efeitos de um novo tipo de pesticida galoxifope-P-metilo nos tecidos e células utilizados na agricultura ainda não foi totalmente elucidada. Para o efeito, nesta experiência, foram estudados os efeitos da LPO das mitocôndrias de fígado de rato envenenado por pesticidas nos níveis de MDA e na atividade da enzima dependente da membrana mitocondrial citocromo-c-oxidase da SFL e da narcisina, em função da dinâmica de 10, 20, 30 e 40 dias.

Materiais e métodos de investigação. Os animais experimentais foram divididos em grupos-modelo separados para a intoxicação com o pesticida galoxifope-P-metilo e a sua correção com flavonóides.

Inicialmente, os ratos machos selecionados para a intoxicação com o pesticida galoxifope-P-metilo foram divididos em grupos:

Grupo I saudável (controlo) (n = 5);

Grupo II galoxifope-P-metilo (n = 5-6);

Grupo III galoxifope-P-metilo SFL (n = 5-6);

Grupo IV galoxifope-P-metilo + narcisina (n = 5-6):

Os animais dos grupos II, III e IV da experiência foram envenenados uma vez com uma sonda especial do pesticida galoxifope-P-metilo com uma dose de LD50 1/10. O pesticida galoxifope-P-metilo foi administrado por via oral uma vez por dia ao grupo III SFL numa dose de 10 mg / kg e aos animais do grupo IV numa dose de 10 mg / kg de flavonoide narcissina durante 10 dias.

O efeito corretivo dos flavonóides SFL e narcisina sobre a quantidade de MDA e a atividade da enzima citocromo-c-oxidase ligada à membrana mitocondrial, o produto da peroxidação dos lípidos na membrana mitocondrial do fígado de ratos envenenados por pesticidas, foi determinado após 10, 20, 30 e 40 dias.

A centrifugação diferencial das mitocôndrias do fígado de rato foi isolada utilizando o método W.C.Schneider [17].

Determinação dos produtos de oxidação da peroxidação dos lípidos nas mitocôndrias. A determinação da LPO baseia-se na reação entre o MDA e os ácidos tiobarbitúricos (TBK), ou seja, forma-se um complexo trimetil colorido num ambiente de alta temperatura e pH ácido [10]. É medido num espetrofotómetro de complexos a um comprimento de onda de 532 nm.

Complexo de trimetina. Retirar 0,5 ml do sobrenadante da solução e adicionar as seguintes soluções em sequência: 0,5 ml de solução de triton X-100 1%, 0,2 ml de HCl 0,6 M e 0,8 ml de solução de trabalho de TBK 0,06 M. A mistura resultante é colocada num banho de água a ferver durante 10 minutos. Arrefecer a 15 ° C durante 30 minutos. Após arrefecimento, foram adicionados 0,2 ml de solução de Trilon B e 5 ml de etanol a 96% para estabilizar a cor resultante. Todas as soluções foram adicionadas à solução de controlo (exceto a solução de trabalho de 0,06 M TBK). A acumulação de produtos de LPO é observada através da reação do MDA com o ácido tiobarbitúrico. Os resultados obtidos são expressos em nmol / mg de proteína.

O sistema Fe^{2+} / citrato foi também utilizado para estudar o processo de LPO na membrana mitocondrial. Sob a influência deste sistema, a membrana mitocondrial perdeu o seu estado funcional e, como resultado da LPO da membrana, o tamanho da organela aumentou e as mitocôndrias incharam. Esta alteração de volume foi detectada fotometricamente a 25 ° C por mistura contínua com o seguinte meio de incubação (IM). IM (mM): KCI - 125, KCI - 65, HEPES - 10, pH 7,2; Volume mitocondrial 0,5 mg / ml; Antes da adição de50 LIM Fe^2 + às mitocôndrias, 2 mM citrato foi incubado durante 2 min num meio disponível [12].

Determinação da atividade da enzima citocromo-c-oxidase associada à membrana mitocondrial. A atividade do citocromo-c-oxidase foi determinada espectrofotometricamente pela taxa de oxidação do citocromo-c reconstituído com ditionito [22]. As medições foram efectuadas em SF a um comprimento de onda de 550 nm. A uma cuvete de 3 ml foram adicionados 2,2 ml de tampão de fosfato de potássio 0,2 M com pH 7,0 e 0,2 ml de citocromo-c 2 * 10-5 molar devolvido. A reação foi iniciada pela adição de proteína mitocondrial suspensa em sacarose 0,25 M em tampão Tris-HCl.

A atividade do citocromo-c-oxidase é calculada de acordo com a seguinte fórmula:

$$A=E(500)Q-12,8$$

A - nMol / min.mg proteína

E é a variação da extensão a 550 nm por minuto.

Q é a quantidade de proteína numa única amostra.

12.8 - Coeficiente de extensão para o citocromo - c -.

A atividade da citocromo - c - oxidase é expressa em nmol de citocromo - c - oxidado para 1 mg de proteína por minuto.

O galoxifope-P-metilo é recomendado como herbicida para o controlo de ervas daninhas anuais e perenes durante a germinação de plantas com uma ou duas sementes [11]. A dose LD50 de galoxifope-P-metilo em ratos é de 623 mg / kg. É considerado moderadamente tóxico para os seres humanos e os animais de sangue quente e tem um nível de toxicidade de grau 2 [21].

O galoxifope-P-metilo ($C_{16}H_{13}F_3ClNO_4$) é um fármaco sintético, herbicida, com uma concentração em emulsão de 10,4%, pertencente à classe dos ariloxifenoxipropionatos de pesticidas (clorofosforados) (Figura 1).

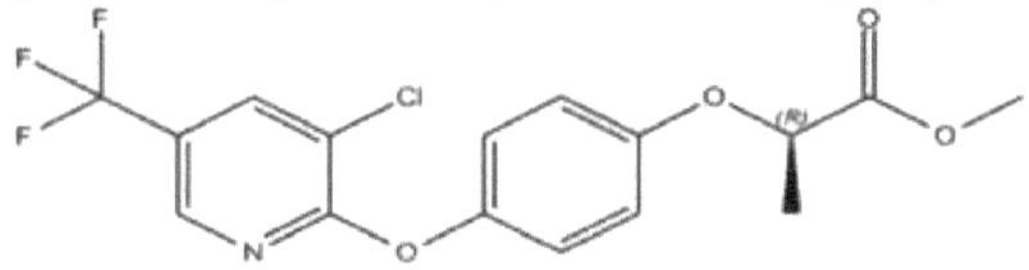

Figura 1. Galoxifope-P-metil P-2- [4- (3-cloro-5-trifluorometilpiridil- 2-hidroxi) fenoxi] éter metílico do ácido propiónico] - pesticida, (herbicida) [21].

As propriedades antitóxicas dos flavonóides SFL e narcisina selecionados para a experiência revelaram-se eficazes contra a atividade da enzima antioxidante das mitocôndrias do fígado de rato, e as propriedades de correção das perturbações da membrana foram mais pronunciadas do que as dos alcalóides diterpenóides e terpenóides.

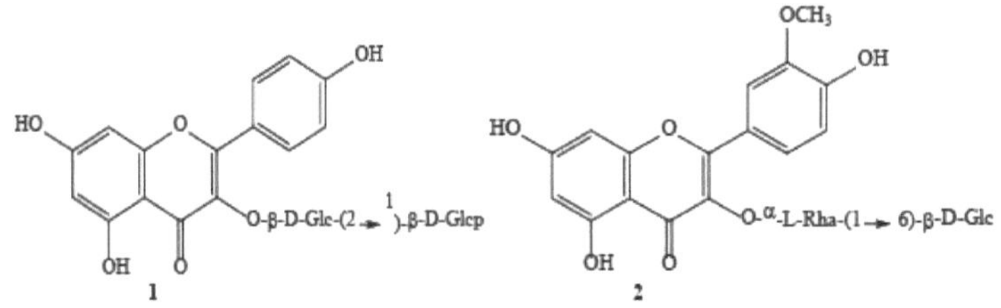

Figura 2. Fórmula estrutural dos flavonóides soforoflavonozida (1) e narcissina (2)

Sophoroflavonoside (SFL) (kempferol-3-O-P-D-sophoroside) isolado da planta Crocus sativus L. pertencente à família Iridaceae [7] e Alhagi canescens (Regel) B. Keller & Shap pertencente à família Fabaceae (Leguminosae). flavonóides narcissina (isoramnetina-3-O-P-D-rutinoside)] isolados da planta foram utilizados [5; 6] (Figura 2).

Os resultados obtidos e a sua análise. Os compostos com atividade antioxidante têm propriedades neutralizantes, reduzindo a formação de radicais livres. Embora as propriedades de ligação aos radicais livres de muitos flavonóides tenham sido estudadas, SFL (kempferol-3-O- 0 -D-sophoroside) isolado de Crocus sativus L., uma planta pertencente à família Iridaceae, e Alhagi canescens (Reg) da família Fabaceae (Leguminosae), Alhagi canescens (Regel). . A atividade antiradicalar dos flavonóides narcissina (isoramnetina-3-O- 0 -D-rutinosídeo)] isolados da planta não foi determinada. Assim, nesta experiência, a atividade antirradicalar dos flavonóides SFL e narcisina (extrato aquoso) foi estudada em relação ao radical livre estável DFPG (2,2-difenil-1-picrilhidrazil) (Figura 3).

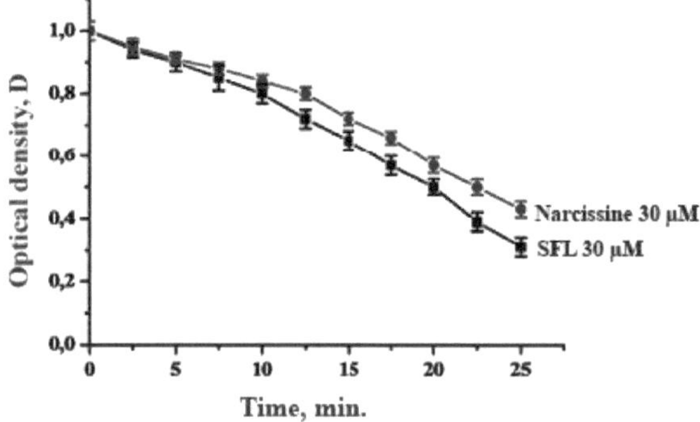

Figura 3. Resultados da medição da densidade ótica relativa da solução etanólica de DFPG em condições SFL e narcissina (30 pM). A concentração de DFPG é de 0,1 mM. (em todos os casos P <0,05; n = 4-5).

Os antioxidantes podem ter diferentes mecanismos de ação, pelo que se recomenda o estudo da sua atividade através de diferentes métodos. Neste estudo, a atividade antiradicalar dos flavonóides foi avaliada em relação ao radical livre DFPG. Quando os flavonóides derivados de plantas SFL e narcisina são adicionados a uma solução aquosa de DFPG, as moléculas de radicais livres são convertidas numa forma não-radicalar, enquanto a solução púrpura intensa de DFPG é descolorida. Mostra a cinética da alteração da densidade ótica da solução de DFPG quando se adicionam as amostras estudadas.

Foi selecionada uma concentração de 30 iiM de cada flavonoide para comparar a atividade antirradicalar das amostras testadas. Dado que a SFL e a narcisina apresentaram uma elevada atividade antirradicalar, foram diluídas 1:100 com um solvente adequado (água).

Analisando os resultados obtidos, pode concluir-se que quando o SFL e a narcissina testados foram adicionados a uma solução aquosa de DFPG, observou-se uma diminuição acentuada da densidade ótica da solução de DFPG, indicando a sua elevada atividade anti-radicalar. A Figura 3 (pontos experimentais) mostra a cinética da alteração da densidade ótica da solução de DFPG no caso da adição de SFL e narcisina.

Para a avaliação quantitativa da atividade antirradicalar das substâncias, foi utilizado o $t50$ - ou seja, o índice de concentração necessário para a redução da concentração inicial de radicais no estado estacionário após a reação com o composto estudado. Na reação de SFL com DFPG, o valor de t 50 a 17° C é de 75 s, e o de narcisina é de 148 s (a proporção da substância principal com DFPG é de 1: 1). Para efeitos de comparação, o valor de $t50$ a 20° C é igual ao rácio equimolar entre o unitol e o DPFG. A análise das curvas cinéticas mostra que a maioria das moléculas de DFPG são regeneradas em 25 minutos de reação (Tabela 1).

Quadro 1

Tempo necessário para reduzir a concentração de DFPG para 50% ($t50$) ao reagir com valores de concentração inibitória de 50% ($IC50$) e flavonóides

Flavonóides	$IC50$, gl	t_{so}, sec 30 gM quantidade de substância
SFL	9,7±0,7	75±4.2
Narciso	7,2±0,4	148±5.7
SFL (diluído)	51.4±2.0	54±2.1
Narciso (diluído)	38±0.8	44.2±1.2

A análise dos resultados experimentais obtidos no estudo dos compostos naturais mostrou que o flavonoide narcisina tem a maior atividade antirradicalar contra o radical livre DFPG em comparação com a SFL e as suas amostras diluídas.

Existem dados suficientes na literatura sobre a atividade antirradicalar de compostos isolados de plantas medicinais, cujo efeito máximo foi encontrado em polifenóis e flavonóides [13]. A presença de atividade antirradicalar dos flavonóides da SFL e da narcisina torna necessária a determinação das suas propriedades antioxidantes. A presença de propriedades antirradicalares dos flavonóides permite-lhes reduzir a geração de radicais livres em vários processos patológicos, neutralizando-os. Neste sentido, a nossa próxima experiência revelou o efeito dos compostos SFL e narcisina na LPO da membrana mitocondrial do fígado de ratos envenenados com pesticidas e as alterações na atividade das enzimas antioxidantes que ocorrem sob a sua influência.

Análise dos resultados obtidos. De acordo com os resultados do estudo, a quantidade do produto LPO MDA na membrana das mitocôndrias do fígado no 10°, 20°, 30° e 40° dias após o envenenamento em ratos do grupo II envenenados com o pesticida galoxifope-P-metilo foi de 35,7 ± 2,8%, respetivamente. Os valores de L- L do grupo II foram de 1 ± 3,2%, 36,4 ± 2,5% e 32,1 ± 2,2%, respetivamente. Isto indica uma aceleração do processo de LPO na membrana mitocondrial sob a influência do pesticida galoxifope-P-metilo. Nas mitocôndrias dos ratos tratados com SFL no grupo III, a quantidade de MDA nas mitocôndrias do fígado foi de 9 ± 0,8% aos 10 dias, 20, 30 e 40 dias em comparação com o grupo II, respetivamente, 15,6 ± 1,2%, 21,3 ± 1, respetivamente. Aumentou em 5% e 19,8 ± 1,6%, respetivamente (Figura 4).

Nos ratos do grupo IV aos quais foi administrada narcissina, após 10 e 20 dias, os níveis de MDA eram de 11,5 ± 0,9% e 21,6 ± 1,6%, respetivamente, tendo sido observada uma diminuição fiável em comparação com os indicadores do grupo II. No entanto, nos dias 30 e 40, a quantidade de MDA nas mitocôndrias do fígado era 28,6 ± 2,1% e 26,0 ± 2,2% mais baixa, respetivamente, do que no grupo II (Figura 4).

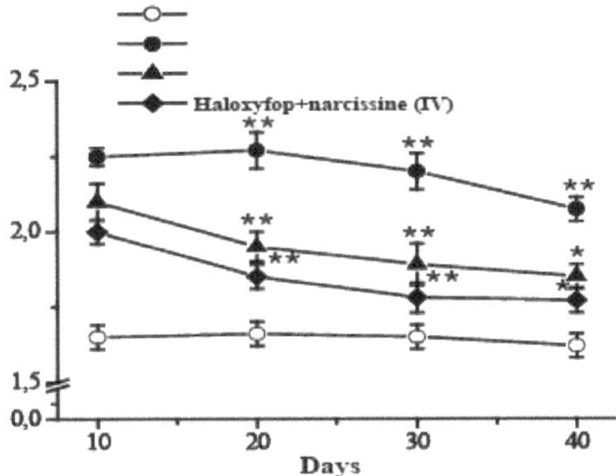

Figura 4. Efeitos do MDA mitocondrial hepático em ratos envenenados com o pesticida galoxifope sobre a dinâmica de SFL e narcisina aos 10, 20, 30 e 40 dias (* P<0,05; * P<0,01; n = 5-6).

Nas mitocôndrias do fígado de ratos envenenados com o pesticida galoxifop-P-metil, verificou-se que a atividade da narcisina era ligeiramente superior à da SFL na quantidade de MDA.

Os flavonóides SFL e narcisina podem prevenir a formação de radicais livres associados à LPO nas mitocôndrias do fígado, neutralizar os efeitos da CFS na membrana e levar a uma diminuição da LPO.

Um aumento dos produtos LPO na membrana mitocondrial pode, por sua vez, afetar a atividade das enzimas ligadas à membrana. Nas nossas experiências subsequentes, foi estudado o efeito da soforoflavonozida e dos compostos de narcisina na atividade da enzima citocromo-c-oxidase ligada à membrana das mitocôndrias do fígado de ratos envenenados com pesticidas. De acordo com os resultados obtidos, a atividade da citocromo-c-oxidase mitocondrial hepática aos 10, 20, 30 e 40 dias nos ratos do grupo II envenenados com o pesticida galoxifope-P-metilo foi de 71,7 ± 4,2%, 68,5 ± 3, respetivamente, em comparação com os controlos. 4%, 58,7 ± 4,7% e 43,9 ± 3,4%, respetivamente. Isto indica que o transporte de electrões na cadeia respiratória mitocondrial é perturbado sob a influência do pesticida.

Nos ratos mitocondriais do grupo III tratados com SFL, o efeito da atividade da citocromo-c-oxidase mitocondrial hepática sobre os indicadores do grupo II não foi observado durante 10 dias. No entanto, no 20º, 30º e 40º dias, verificou-se um aumento de 26,5 ± 1,7%, 22,2 ± 1,4% e 16,6 ± 1,2%, respetivamente, em comparação com os indicadores do grupo II (Figura 5).

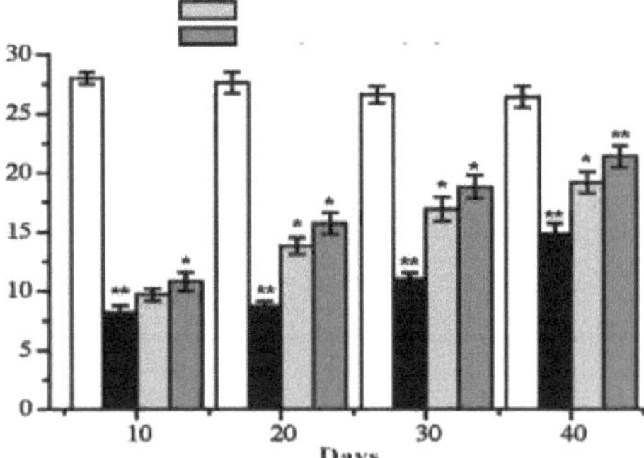

Figura 5. Efeito de SFL e narcisina na atividade da enzima citocromo-c-oxidase em mitocôndrias hepáticas de ratos envenenados pelo pesticida galoxifope-P-metilo **aos 10, 20, 30 e 40 dias (* P <0,05; ** P <0,01; n = 5-6). nMol / min.mg proteína.**

Não foram observadas alterações significativas na atividade do citocromo-c-oxidase nos ratos do grupo IV aos quais foi administrada narcissina durante 10 dias, em comparação com as proporções do grupo II. No entanto, nos dias 20, 30 e 40, a atividade mitocondrial hepática da citocromo-c-oxidase foi de 25,4 ± 2,1%, 29,4 ± 2,0% e 25 ± 1,8%, respetivamente, em relação ao grupo II (5 - Figura). Os resultados mostraram que o efeito corretivo do flavonoide narcisina foi mais eficaz do que o da SFL.

Assim, observou-se uma diminuição acentuada da atividade do citocromo-c-oxidase nas mitocôndrias do fígado sob a influência dos pesticidas galoxifope-P-metilo e indoxacarbe. Observou-se uma inibição profunda aos 10 dias de intoxicação, o que, por sua vez, levou a alterações na transmissão de electrões na cadeia respiratória nas mitocôndrias do fígado dos ratos.

Conclusão. O efeito pró-oxidante dos pesticidas pode causar um aumento da LPO. Isto resulta numa diminuição da atividade da enzima citocromo-c-oxidase, que se liga à membrana mitocondrial. Como resultado, um aumento na formação de CFS a partir da cadeia respiratória leva à rutura das estruturas lipoproteicas da membrana. Os compostos flavonóides selecionados da SFL e da narcisina podem reduzir a quantidade de MDA no produto LPO das mitocôndrias do fígado e, em certa medida, restaurar a atividade da citocromo-c-oxidase.

Referências

1. Алимбабаева Н.Т., Холитова Р.А., Мирхамидова П., Тутунджан А.А., Зикиряев А., Файзуллаев С.С. Действие каратэ на перекисное окисление липидов в митохондриях и микросомах печени крыс // Узбекский биологический журнал - 2005. - №6. - С. 34-37.

2. Владимиров Ю.А., Проскурнина Е.В. Свободные радикалы и клеточная хемилюминесценция // Успехи биологический химии. - 2009. - Т. 49. - С.341-388.

3. Джурабекова З.И., Саидов Б.М., Пестицидлар ва саломатлик // O'simliklami zararli organizmlardan himoya qilishda biologik usulning samaradorligini oshirish muammolari va istiqbollari mavzusidagi konferensiya to'plami - Тошкент. - 2015. - Б.56-57.

4. Дремова В.П. Классификация ВОЗ пестицидов по степени их опасности. // Мед. паразитология и паразитарные болезни, - 2011. - №3, - С.53-54.

5. Нишанбаев С.З., Бобакулов Х.М., Бешко Н.Ю., Шамьянов И.Д., Абдуллаев Н.Д. Флавоноиды надземной части Алъаги санессенс флоры Узбекистана // Химия растительного сырья. - 2017. - Т.1. - С.77-83.

6. Нишанбаев С.З., Шамьянов И.Д., Арипова С.Ф., Сагдуллаев Ш.Ш. Метаболиты растений рода Алъаги // Монография. - 2020. - С. 204.

7. Охундедаев Б.С., Бобакулов Х.М., Хотамжонов А.Х., Хусаинова Р.А., Нишанбаев С.З., Шамьянов И.Д., Тухтаев Б.Ё. Флавонолы из лепестков шафрана посевного // Фармацевтика сох,асининг бугунги х,олати: муаммолар ва истицболлар (халцаро олимлар иштирокидаги республика илмий-амалий анжумани материаллари). - 2019. 15-16 ноябр. - Б.215-216.

8. Позилов М.К. Экспериментал диабетда митохондрия мембранасининг бузилишлари ва уларни усимлик моддалари билан корекциялаш: дис. докт. биол. наук. Ташкент, - 2020. - С. 206.

9. Потапов А.И., Ракитский В.Н., Щицкова А.П. и др Российская гигиеническая классификация пестицидов // Гиг. - 1997. - №6. - С.21 - 24.

10. Рогожин В.В. Практикум по биохимии: Учебное пособие. - СПб.: Изд "ЛАН",- 2013. - С.544.

11. Хужаев Ш.Т. "Усимликларни зараркунандалардан уйгунлашган \и\юя цилишнинг замонавий усул ва воситалари". Тошкент - 2015. - Б.182-195.

12. Almeida A.M., Bertoncini C.R., Borecky J., Souza-Pinto N.C., Vercesi A.E. Mitochondrial DNA damage associated with lipid peroxidation of the mitochondrial membrane induced by Fe2+-citrat // An. Acad. Bras. Cienc. - 2006. - V. 78(3). - P. 505-514.

13. Baydar N.G., Baydar H. Compostos fenólicos, atividade antirradicalar e

capacidade antioxidante de extratos de óleo de rosa (Rosa damascena Mill.) // Industrial Crops and Products - 2013. - V.41 - P. 375-380.

14. Mirkhamidova P., Parpieva M., Tuychieva D. Pesticida residual no fígado de ratos após envenenamento com o pesticida galaxifop-R-metil check // Revista Internacional de Agricultura Moderna - 2021. - V.10 (2). - P. 2457-2465.

15. Moskvichov D.V., Levina I.L., Gvozdenko E.S. Peroxidação lipídica e atividade das enzimas antioxidantes no girino da rã com garras sob a ação de pesticidas diazóis // Reactive oxygen and nitrogen species, antioxidants and human health. -2003. - P. 194-195

16. Pinakoulaki E., Daskalakis V., Ohta T., Richter OM, Budiman K., Kitagawa T., Ludwig B., Varotsis C. O efeito da proteína na estrutura de dois intermediários ferryl-oxo no mesmo nível de oxidação no centro binuclear de cobre heme da citocromo c oxidase // J. Biol Chem - 2013.-V.288. - P.20261-20266.

17. Schneider W.C., Hageboom G.H., Pallade G.E. Cytochemical studies of mammalian tissues; isolation of intact mitochondria from rat liver; some biochemical properties of mitochondria and submicroscopic particulate material // J. Biol. Chem. - 1948. - V. 172 (2). - P.619-635.

18. Slaninova A., Smutna M., Modra H., Svobodova Z. Uma revisão: Oxidative stress in fish induced by pesticides // Neuroendocrinology Letters - 2009. - V.30 (1). - P.2-12.

19. Tebourbi O., Sakly M., Rhouma K.B. Mecanismos moleculares da toxicidade dos pesticidas // InTech - 2011. - P. 297-332.

20. Wilson D.F., Vinogradov S.A. Mitochondrial cytochrome c oxidase: mechanism of action and role in regulating oxidative phosphorylation // J Appl Physiol - 2014. - V.117. - P. 1431-1439.

21. www. pesticidy.ru>active_substance>galoxifop-R-methyl. 2. Yonetani I., Ray S.C. Studies on cytochrome oxidase // J. Boil. Chem. -1965. - V.240(№8). - P.3392-3398.

CAPITULO 4

EFEITOS DO SOFOROFLAVONÓSIDO E DOS FLAVONÓIDES NARCISSINA NA DISFUNÇÃO MITOCONDRIAL E ACTIVIDADE DAS ENZIMAS ANTIOXIDANTES NO FÍGADO DE RATOS ENVENENADOS COM O PESTICIDA GALOXIFOPE-R-METILO

Anotação. Neste estudo, estudou-se a acumulação de resíduos no tecido hepático de ratos envenenados com o pesticida galoxifope-P-metilo e o teor de malondialdeído (MDA), um produto da peroxidação lipídica (LPO) na membrana mitocondrial hepática e nas enzimas antioxidantes catalase, superóxido dismutase (SOD), glutationa redutase (GR), glutationa peroxidase (GP). O efeito do flavonósido soforaflavonolonosídeo (SFL) e dos flavonóides narcissina na atividade de foi estudado em função da dinâmica de 10-40 dias. Os animais do grupo experimental foram injetados com o pesticida galoxifope-P-metilo numa dose de DL501/10 através de uma sonda especial. Nas experiências, a quantidade residual de pesticida no tecido hepático foi determinada nos dias 5th, 10th, 20th, 30th e 40th após o envenenamento por pesticida. O teor de MDA do produto LPO da membrana mitocondrial do fígado e a atividade das enzimas antioxidantes dos ratos envenenados com o pesticida galoxifope-P-metilo foram determinados em relação à dinâmica de 10, 20, 30 e 40 dias dos flavonóides SFL e narcisina.

Palavras-chave: fígado, mitocôndria, galoxifop-R-metil (galoxifop), SFL, narcisina, catalase, SOD, GR, GP.

Os pesticidas, que são constantemente utilizados na agricultura atual, conduzem ao desenvolvimento de doenças metabólicas [16.]. Em caso de envenenamento agudo e crónico com pesticidas, observam-se danos em todos os tecidos, alterações estruturais nos elementos da medula óssea, sangue periférico, glândulas endócrinas, fígado, rins, músculo cardíaco e células cerebrais [1,8,26]. O envenenamento por pesticidas afecta todos os tecidos e órgãos, mas o órgão mais sensível aos seus efeitos é o fígado. As células hepáticas, que estão ativamente envolvidas no metabolismo dos xenobióticos, tornam-se o principal alvo destes pesticidas. Na célula, as mitocôndrias e os microssomas são os mais afectados pelos pesticidas. Tendo em conta o papel importante destes organóides, é importante danificar as suas membranas e, consequentemente, a célula e o organismo como um todo [2,23]. Os pesticidas entram nos órgãos e tecidos de várias formas e acumulam-se como resíduos. Os resíduos de pesticidas no fígado causam uma série de alterações funcionais, ou seja, provocam uma alteração na atividade da LPO e das enzimas [5; 20]. Mas a eliminação lenta dos pesticidas do fígado reduz a atividade destas enzimas. Os pesticidas residuais podem danificar todos os sistemas do corpo humano e causar várias condições patológicas [11,20]. A toxicidade de alguns pesticidas nos mamíferos manifesta-se pela formação de radicais livres e pela perturbação do equilíbrio redox [14].

Os pesticidas danificam principalmente o tecido hepático através do sangue. O fígado desempenha um papel fundamental no processo de desintoxicação dos xenobióticos. Uma alteração ou violação da sua função conduz à hepatotoxicidade e revela um aumento significativo da atividade das enzimas ALT, AST e fosfatase alcalina. Estas alterações podem afetar a permeabilidade das membranas e causar perturbações nos metabolitos [12]. O metabolismo dos pesticidas é explicado pela perturbação do mecanismo homeostático da célula através da produção de espécies reactivas de oxigénio (ROS). Estas interagem com os lípidos da membrana, perturbando o equilíbrio fisiológico entre os lípidos e as proteínas da membrana, especialmente os transportadores de substratos mitocondriais e os transportadores de electrões [18].

Vários pesticidas pertencentes a diferentes classes provocam aumentos da atividade da alanina aminotransferase (ALT) e da aspartato aminotransferase (AST) no plasma sanguíneo, dos lípidos e dos biomarcadores inflamatórios [30]. De acordo com os resultados de um estudo realizado com o herbicida galoxifope-P-metilo, este herbicida causa stress oxidativo no fígado e nos rins. Este facto provoca alterações morfológicas, histopatológicas e imunológicas. Determinou-se que a toxicidade do galoxifope-P-metilo em mamíferos está relacionada com a formação de CSF e a perturbação da atividade redox nos tecidos [24]. A fitotoxicidade do galoxifope-P-metilo baseia-se na inibição da enzima acetil-CoA carboxilase [13].

A proteção da célula contra a LPO é levada a cabo por um sistema de enzimas antioxidantes. As enzimas protectoras mais importantes são a catalase, a SOD, a GR e a GP, que neutralizam os produtos principais e intermédios da LPO, bem como os produtos secundários da peroxidação da glutationa transferase, da glicoxidase, das desidrogenases do formaldeído e de outros compostos carbonílicos [24].

O objetivo do estudo: determinar a quantidade residual no tecido hepático de ratos envenenados com galoxifope-P-metilo e o efeito corretivo dos flavonóides SFL e narcisina durante 10, 20, 30 e 40 dias no conteúdo do produto LPO da membrana mitocondrial hepática MDA, a atividade das enzimas antioxidantes catalase, SOD, GR e GP é determinar a dinâmica.

Métodos e materiais de investigação. A realização de investigação científica em animais experimentais foi efectuada com base na Declaração Internacional de Helsínquia, as regras desenvolvidas pelo Conselho das Organizações

Internacionais de Ciências Médicas (CIOMS) (1985). Os animais experimentais foram envenenados com uma concentração de emulsão de 10,4% de galoxifope-P-metilo ($C_{16}H_{13}F_3ClNO_4$), uma droga sintética atualmente utilizada na agricultura contra as ervas daninhas. A dose LD_{50} de galoxifop-P-metilo em ratos é de 623 mg/kg. É considerado moderadamente tóxico para os seres humanos e os animais de sangue quente e tem um nível de toxicidade de classe 2 [29].

Nos nossos estudos preliminares, foram determinados indicadores da quantidade residual do pesticida galoxifope-P-metilo no tecido hepático. Na fase seguinte do estudo, foi realizado um modelo tóxico experimental saudável (envenenado com um pesticida) e uma farmacoterapia com flavonóides com propriedades antitóxicas in vivo. Cada grupo experimental era constituído por 3-5 animais.

Os animais experimentais foram divididos em grupos-modelo separados para a intoxicação com o pesticida galoxifope-P-metilo e a sua correção com flavonóides.

Inicialmente, os ratos machos selecionados para intoxicação com o pesticida galoxifope-P-metilo foram divididos em grupos:

Grupo I saudável (controlo) (n=5);

Grupo II galoxifope-P-metilo (n=5-6);

Grupo III galoxifope-P-metilo+SFL (n=5-6);

Grupo IV galoxifope-P-metilo + narcisina (n=5-6):

Os animais dos grupos II, III e IV da experiência foram envenenados uma vez com uma dose de LD50 1/10 do pesticida galoxifope-P-metilo através de uma sonda especial. Após a administração do pesticida galoxifope-P-metilo, foram administrados por via oral 10 mg/kg de SFL ao grupo III e 10 mg/kg de flavonoide narcisina aos animais durante 10 dias.

A quantidade de pesticidas residuais no tecido hepático de ratos envenenados com pesticidas foi determinada após 5, 10, 20, 30 e 40 dias, e após 10, 20, 30 e 40 dias da administração de flavonóides SFL e narcisina a ratos envenenados, foi estudada a atividade das enzimas antioxidantes mitocondriais e a recuperação das perturbações funcionais das membranas.

Para a análise quantitativa de pesticidas em amostras de fígado, foi utilizado um aparelho de espetrometria de massa por cromatografia líquida de alta eficiência (6420 Triple Quad LC/MS (Agilent Technologies, EUA). O método de ionização utilizado foi o APCI (Atmospheric pressure chemical ionization), realizado à custa de iões ionizados.

As mitocôndrias do fígado de rato foram isoladas utilizando o método de centrifugação diferencial W.C.Schneider [27].

A deteção de LPO baseia-se na reação entre o MDA e os ácidos tiobarbitúricos (TBK), que resulta na formação de um complexo trimetínico colorido a alta temperatura e pH ácido [9]. O complexo é medido num espetrofotómetro a um comprimento de onda de 532 nm.

Determinação da atividade enzimática da SOD (KF 1.15.1.1) Misra e J. Fridovich (1972). realizada de acordo com o método [7]. Atividade da catalase nas mitocôndrias hepáticas Korolyuk M.A. determinada pelo método. Os resultados são expressos em pKat/mg de proteína [6]. A atividade da enzima GR foi determinada com base na acumulação de glutatião oxidado [4]. A atividade enzimática é expressa em micromoles de NADF.H por 1 g de proteína durante 1 min a 370 C e 10 min a 340 nm de comprimento de onda (pM/min.g).

A GP é determinada pela acumulação de glutatião oxidado: ocorre com a destruição do glutatião oxidado e é detectada num comprimento de onda de 260 nm. A atividade enzimática expressa o glutatião em micromoles por 1 minuto contra 1 g de proteína (iiM/miii.g) [4]. A proteína mitocondrial foi determinada pelo método de Lowry [21].

Os resultados obtidos e a sua análise. O pesticida galoxifope-P-metilo foi injetado no estômago de ratos numa dose de LD501/10 através de uma sonda especial, e a sua quantidade residual no fígado dos ratos foi determinada no 5º, 10º, 20º, 30º e 40º dias após o envenenamento. Em primeiro lugar, foram obtidas análises cromatográficas quantitativas a partir dos fígados de animais galoxifop-R-metilo (saudáveis) e de animais de controlo. Os valores médios obtidos com base nos picos de absorção caraterísticos do galoxifope-P-metilo são apresentados no Quadro-1 abaixo.

Quadro 1

Quantidade de pesticidas residuais no fígado de ratos envenenados com galoxifope-P-metilo (LD501/10)

Grupos experimentais	Quantidade residual de galoxifope-P-metilo, quantidade de 1 grama (mkg) relativa à amostra (n=3).				
	Dias				
	5	10	20	30	40
Controlo	-	-	-	-	-
Galoxifope-P-metilo	0.01741	0.00159	0.000138	0.0000164	-

De acordo com os resultados obtidos, verificou-se que, no grupo de animais envenenados com o pesticida galoxifope-P-metilo, a quantidade de pesticidas residuais no tecido hepático do rato era mais elevada no 5º e 10º dias após o envenenamento do que no 20º e 30º dias. No 40.º dia, não foi encontrada qualquer quantidade residual deste pesticida. No entanto, com base nos nossos resultados, pode concluir-se que a quantidade de pesticidas residuais no fígado dos ratos pode afetar os indicadores bioquímicos e fisiológicos das mitocôndrias do fígado e causar uma série de alterações[23].

A intensidade da formação de CFS sob a influência de pesticidas provoca um aumento da LPO da membrana interna e externa das mitocôndrias [3].

Os pesticidas enfraquecem o sistema de defesa antioxidante nas mitocôndrias, e as enzimas antioxidantes podem degradar e reduzir a quantidade de radicais livres (*1O2, ЮO2-, -OH e H2O2) no citosol [26].

Para este efeito, na nossa experiência atual, foi estudado o efeito da SFL e da narcisina na quantidade de MDA do produto LPO das mitocôndrias do fígado de ratos envenenados com pesticidas, em relação à dinâmica de 10, 20, 30 e 40 dias.

De acordo com os resultados obtidos, a quantidade do produto LPO MDA na membrana das mitocôndrias do fígado dos ratos do grupo II envenenados com o pesticida galoxifope-P-metilo aumentou 35,7±2,8%, 39,1±3,2%, 36,4±2,5% e 32,1±2,2%.

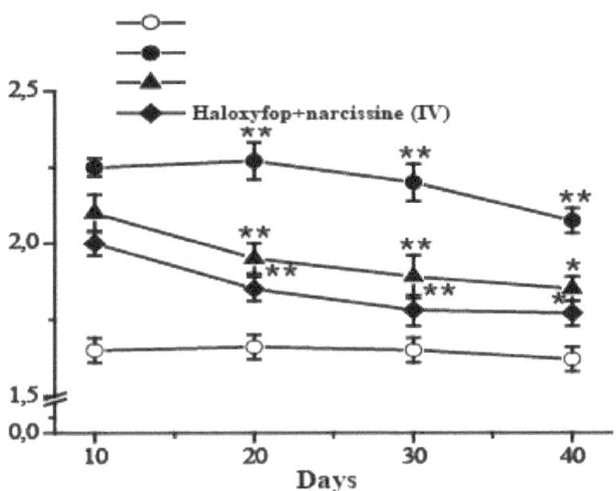

Figura 1. Efeitos dinâmicos de SFL e narcisina no conteúdo de MDA das mitocôndrias do fígado de ratos envenenados com o pesticida galoxifop-P-metilo aos 10, 20, 30 e 40 dias (*P<0,05; *P<0,01; n=5-6).

Isto indica a aceleração do processo de LPO na membrana mitocondrial sob a influência do pesticida galoxifope-P-metilo. Nos ratos do grupo III tratados farmacologicamente com SFL, a quantidade de MDA nas mitocôndrias do fígado foi de 9±0,8% no dia 10, 15,6±1,2%, 21,3±1 e 21,3±1% nos dias 20, 30 e 40, respetivamente. 5% e 19,8±1,6% de redução (Figura 1).

Após 10 e 20 dias de ratos do grupo IV tratados com narcissina, o teor de MDA era de 11,5±0,9% e 21,6±1,6%, respetivamente, tendo sido observada uma diminuição fiável em comparação com os valores do grupo II. No entanto, nos dias 30 e 40, verificou-se que a quantidade de MDA nas mitocôndrias do fígado diminuiu 28,6±2,1% e 26,0±2,2%, respetivamente, em comparação com os valores do grupo II (Fig. 1). Verificou-se que a atividade da narcisina era ligeiramente superior à da SFL sobre a quantidade de MDA nas mitocôndrias do fígado de ratos envenenados com o pesticida galoxifope-R-metilo.

Os pesticidas provocam um aumento do nível de LPO nas mitocôndrias do fígado e uma diminuição da atividade das enzimas SOD e catalase [24]. Sabe-se que a função biológica das enzimas do sistema de defesa antioxidante é proteger as células dos produtos da LPO e de outros efeitos mutagénicos [3,22].

Por conseguinte, nas nossas experiências, foi estudada a dinâmica do efeito corretivo dos flavonóides SFL e narcisina na atividade das mitocôndrias do fígado de ratos envenenados com o pesticida galoxifope-R-metilo durante 10, 20, 30 e 40 dias. Na nossa experiência preliminar, verificou-se que a atividade da catalase diminuiu em 10, 20, 30 e 40 dias nos ratos do grupo II envenenados com o pesticida galoxifope-P-metilo em comparação com o controlo, e diminuiu 45±3,2% em 40 dias (Quadro 2).

Quadro 2

Efeitos dos flavonóides SFL e narcisina na atividade da enzima catalase das mitocôndrias do fígado de ratos envenenados com o pesticida galoxifope-P-metilo (10,

20, 30 e 40 dias dinâmica dependente) (pKat/mg proteína)

№	Grupos experimentais	n	Dias experimentais			
			10	20	30	40
I	Controlo	5	38.5±1.85	37.25±2.16	38.90±2.52	38.16±2.86
II	Galoxifope-P-metilo	6	25.11±1.25*	24.35±1.21*	22.03±1.50*	20.95±1.04**
III	Galoxifope-P-metilo +SFL	5	26.33±1.60	27.56±1.04*	28.71±1.43* *	29.09±1.65**
IV	Galoxifope-P-metilo + Narcissin	5	26.57±1.90	28.11±1.40*	30.42±1.82* *	33.95±2.27**

(*P<0,05; **P<0,01; n=5-6).

Quando os ratos do grupo III tratados com galoxifope-R-metilo foram tratados com o flavonoide SFL e o grupo IV com narcisina, nos dias 10, 20, 30 e 40, a sua atividade da enzima catalase mitocondrial hepática foi de 21±1,6% e 39±2%, respetivamente, em comparação com o grupo II. Verificou-se que aumentou em 8% (Tabela 2).

Juntamente com as alterações na atividade da enzima catalase nas mitocôndrias do fígado de ratos envenenados com o pesticida galoxifope-P-metilo, a atividade da SOD também se altera. A SOD desempenha um papel importante na proteção das células e dos tecidos contra os danos oxidativos causados por factores negativos. No entanto, quando a SOD é activada, é produzido H2O2, que é um inibidor da enzima. Por conseguinte, a atividade funcional eficaz da SOD está principalmente relacionada com outros componentes do sistema de defesa, em particular, enzimas como a catalase, GR e GP. A SOD inibe as reacções nocivas do superóxido, protegendo a célula da toxicidade do superóxido [19]. Os radicais superóxidos são produzidos em dois locais principais da cadeia de transporte de electrões, a cadeia respiratória I (NADH desidrogenase) e a cadeia respiratória III (ubixinona citocromo-c-redutase). Como resultado da transferência de electrões do complexo I ou II para a coenzima Q ou ubiquinona (Q), forma-se a coenzima Q (QH_2), a forma reduzida de. A forma reduzida de QH2 regenera a coenzima Q através de um anião instável (Q-) no ciclo Q. O Q-criado transfere imediatamente electrões para o oxigénio molecular, levando à formação de radicais superóxido. A formação de superóxido não é um processo enzimático e, por conseguinte, quanto maior for a taxa metabólica, maior será a produção de ROS [17].

Na experiência seguinte, foi investigado o efeito dos flavonóides SFL e narcisina na atividade da enzima antioxidante SOD das mitocôndrias do fígado de ratos envenenados com o pesticida galoxifope-P-metilo.

Quadro 3

Efeitos dos flavonóides SFL e narcisina na SOD mitocondrial hepática atividade enzimática (dinâmica de 10, 20, 30 e 40 dias) em ratos envenenados com

pesticida galoxifope-P-metilo (ed/min.mg proteína)

№	Grupos experimentais	n	Dias experimentais			
			10	20	30	40
I	Controlo	5	3,30±0,06	3,28±0,06	3,26±0,05	3,34±0,06
II	Galoxifope-P-metilo	6	2,57±0,06*	2,40±0,05*	2,23±0,05*	1,95±0,04**
III	Galoxifope-P-metilo +SFL	5	2,36±0,05*	2,24±0,04*	2,30±0,09	2,44±0,05*
IV	Galoxifope-P-metilo + Narcisina	5	2,29±0,10*	2,20±0,06**	2,56±0,02**	2,71±0,03**

($*P<0,05$; $**P<0,01$; n=5-6).

De acordo com os resultados obtidos, verificou-se que a atividade da SOD diminuiu aos 10, 20, 30 e 40 dias nos ratos do grupo II envenenados com o pesticida galoxifope-P-metilo e, ao 40.º dia, diminuiu 41,6 ± 2,8% em comparação com o controlo. Ao 40º dia, a atividade da enzima SOD nas mitocôndrias do fígado era de 16,4 ± 1,2% e 22,7 ± 16,4 ± 1,2%, respetivamente, nos ratos tratados com a farmacoterapia com flavonoide SFL e no grupo IV tratado com narcisina. Um aumento de 2,0% foi demonstrado nas nossas experiências (Tabela-3).

Observou-se que a atividade das enzimas catalase e SOD, responsáveis pelo sistema de defesa antioxidante, diminuiu no grupo experimental, os animais envenenados com pesticida. A diminuição da atividade enzimática provoca o aumento da produção de radicais livres na cadeia respiratória mitocondrial. Isto, por sua vez, leva ao desenvolvimento de vários processos patológicos [25].

Assim, após 10, 20, 30 e 40 dias de envenenamento com o pesticida galoxifope-P-metilo, verificou-se que a atividade das enzimas SOD e catalase do sistema de defesa antioxidante das mitocôndrias do fígado estava fortemente reduzida. Os flavonóides vegetais selecionados SFL e narcissina fizeram com que a atividade das enzimas SOD e catalase recuperasse até certo ponto nos 30º e 40º dias.

Para além das alterações da atividade da SOD e da catalase nas mitocôndrias do fígado de ratos envenenados com o pesticida galoxifope-P-metilo, a atividade das enzimas GR e GP também pode ser alterada. Para este efeito, na nossa experiência seguinte, foi estudado o efeito da SFL e da narcissina nas enzimas GR e GP, cuja atividade se alterou nas condições de aplicação do pesticida.

O glutatião forma um sistema antioxidante nas células de GP e GR. O glutatião não só protege as células dos efeitos tóxicos, como os radicais livres, mas também determina os estados redox nas células. Nas células, a forma reduzida dos grupos tiol (SH) está presente numa concentração de cerca de 5 mM. Esta concentração de glutatião na célula provoca a restauração das ligações dissulfureto (-S-S-) formadas entre as cadeias polipeptídicas das proteínas [10].

A atividade das enzimas antioxidantes como a GR e a GP nas mitocôndrias celulares pode ser significativamente reduzida sob a influência de pesticidas [8] Na nossa experiência seguinte, o efeito da SFL e da narcisina na atividade das enzimas antioxidantes mitocondriais (GR, GP) nas mitocôndrias do fígado de ratos envenenados com o pesticida galoxifope-P-metilo foi estudado num estado dinâmico de 40 dias. .

Inicialmente, nas nossas experiências, sob a influência do pesticida galoxifop-P-metil, foram estudadas as alterações na atividade da GR, uma das enzimas antioxidantes importantes nas mitocôndrias do fígado, e as propriedades corretoras dos compostos vegetais.

De acordo com os resultados obtidos, verificou-se que a atividade da enzima GR nas mitocôndrias hepáticas dos ratos do grupo II injectados com o herbicida galoxifope-P-metilo numa dose única de DL50 1/10 diminuiu significativamente em comparação com o controlo. Verificou-se que, sob a influência do galoxifope-P-metilo, a dinâmica das alterações na atividade da enzima GR mitocondrial hepática apresentou o valor mais baixo aos 10 dias e diminuiu 38,1±2,5% em comparação com o controlo (Fig. 2). Verificou-se que a dinâmica da atividade da enzima GR sob a influência dos herbicidas foi reduzida em comparação com o controlo mesmo aos 20, 30 e 40 dias. No entanto, não houve diferença significativa na atividade da GR em comparação com os 10 dias.

Os ratos do grupo III tratados com o herbicida galoxifop-P-metil SFL e os animais do grupo IV foram tratados com narcisina numa dose de 10 mg/kg durante 10 dias. A atividade da enzima GR nas mitocôndrias do fígado dos ratos do grupo III corrigidos com SFL era patológica, ou seja, 14,1±1,1%, 11,7±0,7%, 11,7±0,7%, respetivamente, no 10º, 20º, 30º e 40º dia, em comparação com os valores do grupo II. Verificou-se que aumentou em 14,5±1,2% e 18±1,2%.

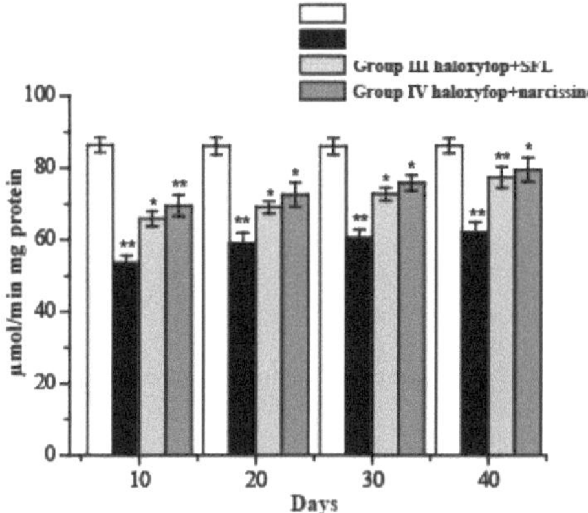

Figura 2. Efeitos da SFL e da narcisina na atividade da enzima glutationa redutase das mitocôndrias do fígado de ratos envenenados com o pesticida galoxifope-P-metilo (*P<0,05; **P<0,01; n=5-6).

A atividade da enzima GR nas mitocôndrias do fígado dos ratos do grupo IV tratados com narcisina foi de 18,4±1,1%, 15,8±1,3%, 18,0±1% em comparação com o grupo patológico no 10º, 20º, 30º e 40º dias, respetivamente. Verificou-se que aumentou em
1,2% e 20,3±1,9% (Figura 2). Portanto, dependendo da dinâmica, sob a influência de SFL e narcisina, observou-se um certo grau de restauração da atividade da enzima GR mitocondrial hepática.

Juntamente com outras enzimas antioxidantes, a GP é uma das enzimas-chave no catabolismo dos radicais livres. A enzima GP actua para decompor os lípidos peroxidados e o H2O2 nas mitocôndrias e no citoplasma em água e oxigénio [8]. Nas mitocôndrias expostas a pesticidas. Na literatura, como resultado do aumento do processo de LPO em células eritrocitárias de ratos sob a influência de pesticidas organoclorados, verificou-se que não só a catalase, a SOD, a GR, mas também a atividade da GP diminuíram [15,28].

Na nossa experiência, o efeito de 40 dias dos flavonóides SFL e narcisina na atividade GP das mitocôndrias hepáticas de ratos intoxicados com o pesticida galoxifope-P-metilo foi estudado de uma forma dependente da dinâmica. De acordo com os resultados obtidos, verificou-se que a atividade da GP nas mitocôndrias do fígado diminuiu acentuadamente em 41±3,2% no grupo II em comparação com o controlo (grupo I) 10 dias após a administração de galoxifope-P-metilo e, após 20 dias, a atividade da GP não sofreu grandes alterações em comparação com 10 dias. No entanto, observou-se que este indicador diminuiu 27,5±2,1% e 28,5±1,3%, respetivamente, em comparação com o controlo aos 30 e 40 dias (Figura 3).

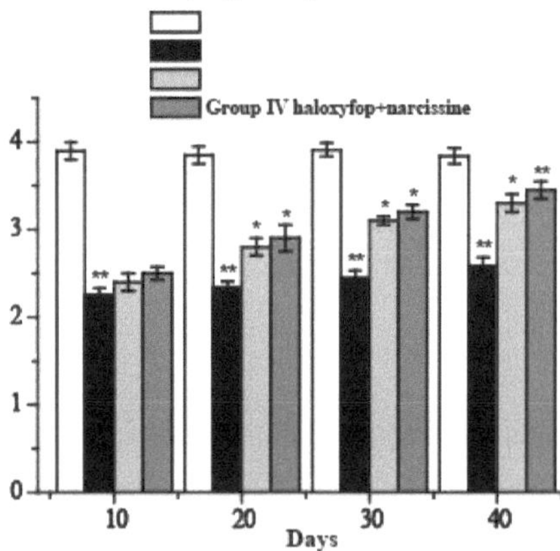

Figura 3. Efeitos dependentes do tempo de 40 dias de SFL e narcisina na atividade da enzima glutationa peroxidase nas mitocôndrias do fígado de ratos envenenados com o pesticida galoxifop-P-metilo. (*P<0,05; **P<0,01; n=5-6).

Os ratos do grupo III intoxicados com galoxifop-P-metilo foram farmacotratados com SFL por via oral durante 10 dias, e a sua atividade de GP nas mitocôndrias hepáticas não se alterou significativamente em comparação com o grupo II aos 10 dias, mas aos 20, 30 e 40 dias, 13 verificou-se que aumentou ±0,9%, 17±1,2% e 18,5±2,2%. Continuando as experiências em ratos do grupo IV envenenados com galoxifop-P-metilo e farmacoterapia com narcissina durante 10 dias, o efeito desta substância na atividade da GP não foi percetível aos 10 dias. No entanto, no 20.º, 30.º e 40.º dias, verificou-se que aumentou 15,6±1,3%, 19,5±1,8% e 22,3±1,2%, respetivamente (Fig. 3). Os resultados da experiência mostraram que o efeito da narcissina na atividade da GP nas mitocôndrias do fígado foi mais eficaz do que o da SFL.

Assim, nas mitocôndrias do fígado de ratos envenenados com o pesticida galoxifope-P-metilo, observou-se um aumento da quantidade de MDA do produto LPO nos dias 10 e 20, e foi detectada uma diminuição acentuada da atividade das enzimas catalase, SOD, GR e GP do sistema de defesa antioxidante. Nos grupos corrigidos com SFL e narcisina, observou-se que a quantidade de produto LPO MDA foi restaurada até certo ponto e a atividade das enzimas antioxidantes foi aumentada até certo ponto nas mitocôndrias do fígado de ratos aos 40 dias.

Referências

1. Акиншина Н.Г., Гудникова А.Г. О механизме действия пиретроидного препарата на функциональная состояние изолированных митохондрий печени крыс // Токсикологический вестник. М. - 2003. - №1. -С.28-32.

2. Алимбабаева Н.Т., Мирхамидова П., Исабекова М.А., Зикиряев А., Файзуллаев С.С. Действие остаточных количеств карате на активность митохондриальных ферментов гепатоцитов // Узбекский биологический журнал - 2005. - №4. - С. 15-19.

3. Владимиров Г.К., Нестерова А.М., Левкина А.А., Осипов А.Н., Теселкин Ю.О., Ковальчук М.В., Владимиров Ю.А. Динамика формирования комплексов цитохрома *с с анионными* липидами и механизм реакций образования липидных радикалов, катализируемых этими комплексами// Биологические мембраны: Журнал мембранной и клеточной биологии - 2020. -Т. 37(№ 4). - С. 287-298.

4. Власова С.Н., Шабунина Е.И., Переслегина И.А. Активность глутатионзависимых эритроцитов при хронических заболеваниях. // Москва. - 1990. - С.19-21.

5. Кампо М.А. Влияние хлорофоса на поглощение кислорода плацентах крольчих // Укр. Биохим. журнал. - 1982. - Т.54(4). - С.455-457.

6. Королюк М.А., Иванова Л.И., Майорова И.Г., Токарев В.Е. Методы определения активности каталазы // Москва, Медицина - 1988. - С. 16-18.

7. Матюшин Б.Н. Определение супероксиддисмутазной активности в материале пункционной биопсии печени при ее хроническом поражении // Лаб. дело. - 1991. - №7,- С. 16-19.

8. Парпиева М.Ж.,Мирхамидова П., Позилов М.К., Туйчиева Д.С., Мустафацулов М.А. Зах,арлантирилган каламуш жигари митохондриясининг айрим ферментларига антиоксидантларнинг таъсири// Инфекция, иммунитет и фармакология. -2021. -№6. - С.136-141.

9. Рогожин В.В. Практикум по биохимии: Учебное пособие. - СПб.: Изд "ЛАН",- 2013. - С.544.

10. Тарасевич И.С., Ринейская О. Н., Глинник С.В., Прокопчик К.Г. Активность глутатионпероксидазы, глутатионредуктазы и уровень глутатиона восстановленного в печени, мозге и эритроцитах крыс в возрастном аспекте *II* Материали за VII международна научна практична конференция " Ключови въпроси в съвременната наука 2011", София "Бял ГРАД-БГ" ООД, 17-25 апреля 2011. - С.105-106.

11. Федоров Л. А., Яблоков А. В. Пестициды - токсический удар по биосфере и человеку. // М.: Наука, 1999. - С.461.

12. Abdelrasoul A. Modulação da toxicidade induzida por abamectina e

indoxacarb em ratos albinos machos por *Moringa oleifera* // Alexandria science exchang Journal. - 2018. - V. 39(2) - P. 232-243.

13. Abdollahi, M.; Ranjbar, A.; Shadnia, S.; Nikfar, S.; Rezaiee, A. Pesticidas e stress oxidativo: A review. Med. Sci. Monit. - 2004. - V.10. - P.144-147.

14. Abdou H.M., Hussien H.M., Yousef M.I. Efeitos deletérios da cipermetrina no fígado e nos rins de ratos: Papel protetor do óleo de sésamo // J. Environ. Sci.Health B - 2012. - V.47 (4). - P.306-314.

15. Barski D., Spodniewska A., Zasadowski A. Atividade da superóxido dismutase, catalase e glutationa peroxidase em ratos expostos a clorpirifos e erofloxacina // Polish Journal of Veterinary Sciences - 2011. - V.14 (4) - P. 523529.

16. Evangelou E., Ntritsos G., Chondrogiorgi M., Kavvoura F.K., Hernandez A.F., Ntzani E.E., Tzoulaki I. Exposure to pesticides and diabetes: Uma revisão sistemática e meta-análise // Environ. Int. - 2016. -V. 91. -P.60-68.

17. Finkel T., Holbrook N.J. Oxidants, oxidative stress and the biology of ageing // Nature. -*2000*. - V.408. - P.239-247.

18. Gassner B., Wuthrich A., Scholtysik G., Solioz M. Os piretróides permetrina e cialotrina são inibidores potentes do complexo mitocondrial I // The Journal of Pharmacology and Experimental Therapeutics - 1997. - V.281.(2). - P.850-860.

19. Guven C., Sevgiler Y., Taskin E. Inseticidas piretróides como indutores de disfunção mitocondrial // Doenças Mitocondriais - 2018. - P. 293-322.

20. Juliana C. Castanha Z., Marcos A. Maioli Hyllana C.D. Medeiros, Fabio E. Mingatto. Abamectina afeta a bioenergética das mitocôndrias hepáticas: Um potencial mecanismo de hepatotoxicidade. // Elsevier Ltd. Toxicologia inVitro. - 2012. - V.26. - P.51-56.

21. Kaneko H. Pyrethroids: Metabolismo e toxicidade em mamíferos. // Journal of Agricultural and Food Chemistry. - 2011. - V.59(7). - P. 2786-2791.

22. Lukowicz C., Ellero-simatos S., Regnier M., Polizzi A., Lasserre F., Montagner A., Lippi Y., Jamin E.L., Martin J., Naylies C. Metabolic effects of a chronic dietary exposure to a low-dose pesticide cocktail in mice: Dimorfismo sexual e papel do recetor constitutivo do androstano // Environ. Health Perspect. - 2018. -V.126 - P. 1-18.

23. Mirkhamidova P., Pozilov M.K., Parpieva M.J., Shakhmurova G.A., Jumagulova K.A. Determinação da quantidade de pesticidas residuais no tecido hepático de ratos envenenados com os pesticidas galoxiphop-r-methyl e indosacarb// Journal of Pharmaceutical Negative Results. -2022. -V.13.(1). - P. 738-745

24. Olayinka E.T., Ore A. Hepatotoxicidade, nefrotoxicidade e stress oxidativo em testículos de ratos após exposição a   *Galoxifop-p-metil* Éster, um

Herbicida ariloxifenoxipropionato // Tóxicos - 2015. - V.3. - P. 373-389.

25. Ozcan A., Ogun M. Biochemistry of reactive oxygen and nitrogen species // Basic Principles and Clinical Significance of Oxidative Stress - 2015. - V. 3. - P. 38-57.

26. Parpieva M.J., Mirxamidova P., Pozilov M.K.,Tuychiyeva D.S. The Effect of Phlavonoids on Precisely Oxidation of Lipids of the Membrane of the Rat Liver Mitochondria, Poisoned with Pesticides// Jundishapur Journal of Microbiology Publicado online 2022 janeiro Artigo de Investigação. -2022. -V. 15 (1). -P. 676-681.

27. Schneider W.C., Hageboom G.H., Pallade G.E. Cytochemical studies of mammalian tissues; isolation of intact mitochondria from rat liver; some biochemical properties of mitochondria and submicroscopic particulate material // J. Biol. Chem. - 1948. - V. 172 (2). - P.619-635.

28. Steinbrenner H., Sies H. Protection against reactive oxygen species by selenoproteins // Biochimica et Biophysica Ata: General Subjects - 2009. - V.1790 (11). - P.1478-1485.

29. www. pesticidy.ru>active_substance>galoxifop-P-methyl.

30. Yousefizadeh S., Farkhondeh T., Samarghandian S. Impacto da toxicidade do diazinon relacionado com a idade na glicose no sangue, perfil lipídico e índices bioquímicos selecionados em ratos machos // Curr. Aging Sci. 2019. - V.12. - P. 49-54.

CAPITULO 5

EFEITOS DOS FLAVONÓIDES SOFOROFLAVONÓSIDO E NARCISINA NA QUANTIDADE DE MALONDIALDEÍDO, UM PRODUTO DA PEROXIDAÇÃO LIPÍDICA, E NA ACTIVIDADE DA ENZIMA CITOCROMO C OXIDASE EM MITOCÔNDRIAS DE FÍGADO DE RATO ENVENENADAS COM PESTICIDA INDOXACARB

Anotação. Neste estudo, foram estudados os efeitos dos flavonóides soforaflavonolonoside e narcisina sobre a quantidade de malondialdeído, um produto da peroxidação dos lípidos nas mitocôndrias do fígado de ratos envenenados com o pesticida indoxacarb, e sobre a atividade da enzima citocromo-c-oxidase, em função da dinâmica de 10, 20, 30, 40 dias. O grupo experimental foi injetado com pesticida indoxacarb numa dose de 1/10 LD50 através de uma sonda especial. Após a administração do pesticida indoxacarb, os animais foram administrados por via oral com soforaflavonolonoside e com o flavonoide narcisina numa dose de 10 mg/kg uma vez por dia durante 10 dias.

Palavras-chave: pesticida, indoxacarb, fígado, mitocôndria, saphoroflavonoside, flavonoide, saphoroflavonoside (SFL), narcisina, citocromo-c-oxidase, peroxidação lipídica (LPO).

Atualmente, são produzidos muitos tipos de pesticidas em todo o mundo, que são amplamente utilizados na agricultura contra as pragas das culturas, sendo a produção de pesticidas de 1 milhão de toneladas por ano [3]. [3] A concentração de pesticidas nos campos cultivados em todo o mundo é de 300 gramas por hectare de terra cultivada ou 30 mg/m^2 , nos países europeus este valor é de 295 mg/m^2 por ano [3;4]. Esta substância tem um impacto negativo no ambiente, entra em todos os organismos vivos de diferentes formas e acumula-se nos tecidos como pesticida residual. A quantidade de pesticidas residuais pode afetar os processos bioquímicos e fisiológicos das mitocôndrias do fígado e causar uma série de alterações [2,9].

O envenenamento agudo e crónico com pesticidas provoca danos em todos os tecidos, alterações estruturais nos elementos da medula óssea, sangue periférico, glândulas endócrinas, fígado, rins, músculo cardíaco e células cerebrais [1]. O envenenamento por pesticidas afecta todos os tecidos e órgãos, mas o órgão mais sensível aos seus efeitos é o fígado [2]. A desintoxicação ocorre principalmente no fígado. As lesões hepáticas afectam o metabolismo. O aparecimento e desenvolvimento de uma série de condições patológicas em seres humanos e animais é causado pela ativação da LPO das membranas celulares [10]. A ativação da LPO pelos pesticidas enfraquece o sistema de defesa antioxidante nas mitocôndrias e as enzimas antioxidantes podem degradar e reduzir a quantidade de radicais livres (-Oi-, -OH e H2O2) no citosol.

[8]. No entanto, a base molecular do efeito dos pesticidas indoxacarb recentemente sintetizados nos tecidos e nas células ainda não foi totalmente investigada e, atualmente, os efeitos destes pesticidas nas perturbações das membranas mitocondriais do fígado, incluindo a LPO e a atividade da citocromo c oxidase, e a sua correção com preparações à base de plantas ainda não foram estudados. Para este efeito, nesta experiência, foram estudados os efeitos da SFL e da narcisina na quantidade de MDA do produto LPO e na atividade da citocromo c oxidase das mitocôndrias do fígado de ratos envenenados com indoxacarb, em função da dinâmica de 10, 20, 30 e 40 dias.

Objetivo do estudo. Estudar a dinâmica do efeito corretor dos flavonóides sophoraflavonolonoside e narcissina na disfunção da membrana mitocondrial hepática de ratos envenenados com indoxarab durante 10, 20, 30 e 40 dias.

Métodos e materiais de investigação: O indoxacarb é um composto cloroorgânico inseticida, que pertence a uma nova classe química - as oxadiazinas [7]. O indoxacarb ($C_{22}H_{17}ClF_3N_3O_7$,) concentração da suspensão-15% é uma droga sintética e é um inseticida. O indoxacarbe bloqueia os canais de sódio das fibras nervosas dos insectos venenosos, interrompendo a alimentação. A sua coordenação é perturbada e, em seguida, ocorre a paralisia e a morte. A dose LD $_{50}$ de indoxacarb em ratos é de 5000 mg/kg. É considerado menos tóxico para os seres humanos e os animais de sangue quente e tem uma classe de toxicidade 3, mas tem uma classe de toxicidade 1-2 para os insectos benéficos [13].

As propriedades antitóxicas dos flavonóides saphoroflavonoside (SFL) e narcissina selecionados para a experiência foram estudadas contra pesticidas. Os animais experimentais foram divididos em grupos modelo separados para a intoxicação com pesticidas indoxacarb e a sua correção com flavonóides. Os ratos envenenados com o pesticida indoxacarb foram divididos em grupos. O grupo I é saudável (controlo); o grupo II indoxacarb; o grupo III indoxacarb + SFL; o grupo IV indoxacarb + narcissina.

Os animais dos grupos II, III e IV da experiência foram envenenados uma vez com uma dose de 1/10 LD50 através de uma sonda especial com pesticida indoxacarb. Após a administração do pesticida indoxacarb, foi administrado SFL 10 mg/kg ao grupo experimental III e o flavonoide narcisina 10,0 mg/kg foi administrado por via oral uma vez por dia ao grupo IV durante 10 dias.

Após 10, 20, 30 e 40 dias da administração de flavonóides SFL e narcisina a ratos envenenados por pesticidas, foram investigados os níveis de MDA, produto LPO da membrana mitocondrial, e a atividade da enzima citocromo-c-oxidase dependente da membrana mitocondrial.

As mitocôndrias do fígado de rato foram isoladas por centrifugação diferencial.

A deteção de LPO baseia-se na reação entre o MDA e os ácidos tiobarbitúricos (TBK), que resulta na formação de um complexo trimetínico colorido a alta temperatura e pH ácido [6]. O complexo foi medido num espetrofotómetro a um comprimento de onda de 532 nm.

A atividade da enzima citocromo-c-oxidase ligada à membrana mitocondrial foi determinada espectrofotometricamente pela taxa de oxidação do citocromo-c reduzido por ditionito [11] e medida num espetrofotómetro a um comprimento de onda de 550 nm.

Os resultados obtidos e a sua análise. Na nossa experiência preliminar, foram estudados os efeitos dos ratos envenenados com indoxacarb na quantidade de MDA das mitocôndrias do fígado. De acordo com os resultados obtidos, a quantidade de produto LPO MDA nas mitocôndrias do fígado foi de 36,4 ± 2,4%, 36,7 ± 2,8%, 33,3 Verificou-se que aumentou ± 1,9% e 25,7 ± 1,3%. Nos ratos do grupo III tratados com SFL, a quantidade de MDA nas mitocôndrias do fígado foi de 9,1±0,8%, 16,4±1,2%, 18,8±2%, respetivamente, em comparação com os valores do grupo II aos 10, 20, 30 e 40 dias. O MDA mitocondrial diminuiu 1,1% e 11,5±1,2% (Figura 1).

Nos ratos do grupo IV injetados com narcissina, a quantidade de MDA diminuiu 15,2±1,2% e 25,3±1,7%, respetivamente, em comparação com o grupo II aos 10 e 20 dias. No entanto, nos dias 30 e 40, a quantidade de MDA nas mitocôndrias do fígado diminuiu 25,5±1,6% e 16,4±1,5%, respetivamente, em comparação com os valores do grupo II (Figura 1).

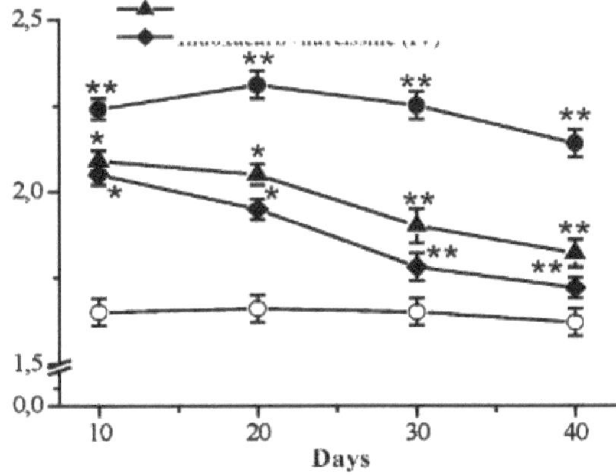

Figura 1. Efeitos dependentes da dinâmica de 40 dias de SFL e narcisina no conteúdo de MDA nas mitocôndrias do fígado de ratos intoxicados com pesticida indoxacarb (*P<0,05; *P<0,01; n=5-6).

Na experiência seguinte, foram investigados os efeitos dos compostos SFL e narcissina na atividade da citocromo c oxidase nas mitocôndrias do fígado de ratos tratados com o pesticida indoxacarb. De acordo com os resultados obtidos, a atividade da citocromo c oxidase das mitocôndrias hepáticas em ratos do grupo II envenenados com pesticida indoxacarb durante 10, 20, 30 e 40 dias foi de 62,6±4,2%, 55,8±4,4%, 44,8. A maior inibição da atividade enzimática foi observada no 10.º dia de envenenamento. Os resultados obtidos mostraram que os pesticidas provocam uma perturbação da função das membranas das mitocôndrias do fígado dos ratos envenenados. Na literatura, sob a influência de pesticidas (karaté, clorprifos), foi observada uma inibição profunda da enzima citocromo-c-oxidase [2,12]. A atividade da citocromo c-oxidase mitocondrial hepática nos ratos do grupo III tratados com farmacoterapia SFL foi de 22,2±1,6%, 17, 17, verificou-se que aumentou 0±1,3%, 17,8±1,1% e 25,4±1,7% (Figura 2). Nos ratos do grupo IV injectados com narcissina, a atividade do citocromo c oxidase não recuperou em comparação com o grupo II aos 10 e 20 dias. No entanto, nos dias 30 e 40, a atividade da citocromo-s-oxidase das mitocôndrias do fígado foi restaurada em 8,0±0,5% e 19,0±1,1%, respetivamente, em comparação com os indicadores do grupo II (Figura 2).

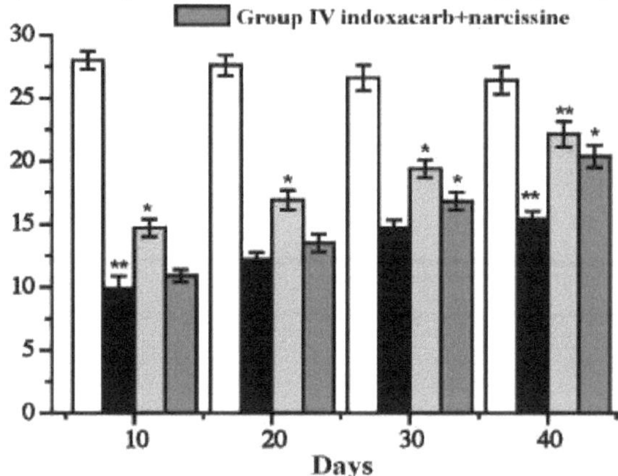

Figura 2. Efeitos dinâmicos de SFL e narcisina na atividade da enzima citocromo c oxidase em mitocôndrias hepáticas de ratos envenenados com pesticida indoxacarb aos 10, 20, 30 e 40 dias (*P<0,05; **P<0,01; n=5-6) .
Nestas experiências, o efeito corretivo do flavonoide SFL revelou-se mais eficaz do que o do flavonoide narcisina.

Conclusão. Assim, sob a influência do pesticida indoxacarb, observou-se um aumento da quantidade de MDA, um produto da LPO da membrana mitocondrial do fígado, e, consequentemente, uma diminuição acentuada da atividade da enzima dependente da membrana citocromo-oxidase. Observou-se um aumento da quantidade de MDA e uma inibição profunda da atividade da citocromo-c-oxidase sob a influência de pesticidas em 10-20 dias de envenenamento, o que, por sua vez, leva a uma alteração da transferência de electrões na cadeia respiratória nas mitocôndrias do fígado dos ratos. Este efeito pró-oxidante dos pesticidas pode aumentar a formação de PFSH a partir da cadeia respiratória, reduzindo a atividade da citocromo-c-oxidase, provocando um aumento da LPO da membrana. Os compostos flavonóides SFL e narcisina utilizados nas experiências apresentam propriedades antioxidantes [5], diminuem a quantidade de MDA, um produto da LPO da membrana mitocondrial do fígado, e restauram a atividade da citocromo-s-oxidase até certo ponto.

Referências:

1. Акиншина Н.Г., Гудникова А.Г. О механизме действия пиретроидного препарата на функциональная состояние изолированных митохондрий печени крыс // Токсикологический вестник. М. - 2003. - №1. -С.28-32.

2. Алимбабаева Н.Т., Мирхамидова П., Исабекова М.А., Зикиряев А., Файзуллаев С.С. Действие остаточных количеств карате на активность митохондриальных ферментов гепатоцитов // Узбекский биологический журнал - 2005. - №4. - С. 15-19.

3. Джурабекова З.И., Саидов Б.М., Пестицидлар ва саломатлик // O'simliklarni zararli organizmlardan himoya qilishda biologik usulning samaradorligini oshirish muammolari va istiqbollari mavzusidagi konferensiya to'plami - Тошкент. - 2015. - Б.56-57.

4. Дремова В.П. Классификация ВОЗ пестицидов по степени их опасности. // Мед. паразитология и паразитарные болезни, - 2011. - №3, - С.53-54.

5. Парпиева М.Ж., Мирхамидова П., Позилов М.К., Нишанбаев С.З. Софорофлавонозид ва нарциссин флавоноидларининг антирадикал фаолликларини аницлаш// Инфекция, иммунитет и фармакология. - 2022. - №4,- С.180-186.

6. Рогожин В.В. Практикум по биохимии: Учебное пособие. - СПб.: Изд "ЛАН",- 2013.- С.544.

7. Хужаев Ш.Т., Исаев О., Юлдашев Ф. Аваунтнинг имкониятлари // Усимликлар химояси ва карантини. - 2009. - №2. - Б.12.

8. Franco R., Li S., Rodriguez-Rocha H., Burns M., Panayiotidis M.I. Molecular mechanisms of pesticide-induced neurotoxicity: Relevância para a doença de Parkinson // Chemico-Biological Interactions - 2010. - V.188. - P. 289

9. Mirkhamidova P., Pozilov M.K., Parpieva M.J., Shakhmurova G.A., Jumagulova K.A Determinação da quantidade de pesticidas residuais no tecido hepático de ratos envenenados com os pesticidas galoxiphop-r-methyl e indosacarb Journal of Pharmaceutical Negative Results - 2022. -V.13. - P.738-745

10. Mirkhamidova P., Tuychieva D., Bobokhonova. D., Parpieva M. Influência do karatê na atividade das enzimas do sistema anti-oxidante da proteção do fígado de ratos e formas de sua correção / European Journal of Molecular & Clinical Medicine. - 2020. -V. 07. - P.3757-3765

11. Parpiyeva M.J., Mirxamidova P., Pozilov M.K., Tuychiyeva D.S O efeito dos flavonóides na oxidação precisa dos lípidos da membrana da mitocôndria do fígado de rato, envenenada com pesticidas// Jundishapur Journal of

Microbiology Publicado online 2022 janeiro Artigo de investigação - 2022. - V.15.1. - P. 676-681.

12. Toualbia N., Rouabhi R., Salmi A. Avaliação do nível de citocromo c e biomarcadores de disfunção mitocondrial do fígado de *Oryctolagus cuniculus* exposto ao Clorpirifós // Toxicologia e Ciências da Saúde Ambiental - 2017. - V.9. - P. 325-331.

13. www. pesticidy.ru>active_substance>indoxacarb

INDOKSAKARB UM PESTICIDA ENVENENADO COM FÍGADO DE RATOS DE ENZIMAS ANTIOXIDANTES MITOCONDRIAIS PARA A ACTIVIDADE SOFOROFLAVONOZIDA E NARCISINA EFEITOS DOS FLAVONÓIDES

Anotação. Neste estudo, foram estudados os efeitos dos flavonóides soforaflavonolonosídeo e narcisina na atividade das enzimas antioxidantes das mitocôndrias hepáticas glutationperoxidase (GP) e glutationredukdase (GR) em ratos envenenados com o pesticida indoxacarb, em função da dinâmica de 10, 20, 30, 40 dias. O grupo experimental foi injetado com o pesticida indoxacarb numa dose de 1/10 da DL_{50} através de uma sonda especial. Após a administração de indoxacarbe, os animais foram administrados por via oral com soforaflavonolonósido (SFL) e com o flavonoide narcisina na dose de 10 mg/kg uma vez por dia durante 10 dias.

Palavras-chave: pesticida, indoxacarb, fígado, mitocôndria, flavonoide, soforaflavonolonoside (SFL), narcissina, glutationperoxidase (GP), glutationredukdase (GR).

Os pesticidas, que são amplamente utilizados na agricultura, provocam uma série de alterações nos tecidos e nas células dos organismos vivos. Quando envenenadas com pesticidas, as formas activas de oxigénio formadas como resultado do stress oxidativo nos organóides celulares, incluindo as mitocôndrias, causam um aumento da peroxidação dos lípidos (LPO) na membrana interna e externa. Este facto conduz a danos nos tecidos e nos órgãos [2;3; 4]. Alguns pesticidas provocam um aumento do nível de LPO, malondialdeído (MDA), e uma diminuição da atividade das enzimas antioxidantes (glutatião, superóxido dismutase-SOD, catalase) [7;1]. Sob a influência de xenobióticos, uma diminuição acentuada da atividade do sistema antioxidante nas células leva a um aumento da produção de radicais livres a partir das mitocôndrias. É de grande importância estudar a produção de radicais livres e o sistema antioxidante nas lesões das mitocôndrias do fígado de ratos envenenados com pesticidas agrícolas que actuam como xenobióticos.

As enzimas GP e GR desempenham um papel fundamental na formação do sistema antioxidante do glutatião nas células. O glutatião não só protege as células dos efeitos tóxicos, como os radicais livres, mas também determina os estados redox nas células [8]. A atividade das enzimas antioxidantes, como a GR e a GP, nas mitocôndrias das células pode ser significativamente reduzida sob a influência de pesticidas [7;5]. Neste estudo, os efeitos da SFL e da narcisina na atividade das enzimas GP nas mitocôndrias do fígado de ratos envenenados com o pesticida indoxacarb foram investigados de forma dependente do tempo durante 40 dias.

Objetivo do estudo. O objetivo é avaliar a dinâmica do efeito corretivo do flavonósido soforaflavonolonosídeo e do flavonoide narcisina na atividade das enzimas antioxidantes glutatião redutase e glutatião peroxidase em ratos envenenados com o pesticida indoxacarb durante 10-40 dias.

Métodos e materiais de investigação. Nas nossas experiências, os animais foram divididos em 4 grupos: Grupo I - saudável (controlo), Grupo II - grupo envenenado com indoxacarb, Grupo III - grupo tratado com farmacoterapia com SFL, Grupo IV - grupo tratado com farmacoterapia com narcissina. Primeiro, os animais foram agudamente envenenados com 1/10 da dose LD50 do pesticida indoxacarb, depois tratados com farmacoterapia com 10 mg/kg de flavonóides SFL e narcisina durante 10 dias, e as suas mitocôndrias hepáticas foram isoladas nos dias 10, 20, 30 e 40.

Determinação da atividade da enzima glutatião peroxidase. A GP é determinada pela acumulação de glutatião oxidado: ocorre com a destruição do glutatião oxidado e é detectada a um comprimento de onda de 260 nm. A atividade enzimática expressa o glutatião em micromoles por 1 minuto contra 1 g de proteína (mM/min.g) [6].

Os resultados obtidos e a sua análise. Os resultados obtidos. De acordo com os resultados obtidos, verificou-se que a atividade da GP nas mitocôndrias hepáticas diminuiu 38,5±2,8% no grupo II em comparação com o controlo (grupo I) aos 10 dias após a administração de indoxacarb aos ratos, e a atividade da GP não se alterou após 20 dias em comparação com 10 dias. No entanto, este indicador diminuiu para 35,9±3,1% e 34,2±2,9%, respetivamente, em comparação com o controlo no 30º e 40º dias (Figura 1). Quando os ratos do grupo III intoxicados com indoxacarb foram tratados farmacologicamente com SFL durante 10 dias, a atividade da GP nas mitocôndrias hepáticas não se alterou significativamente em comparação com o grupo II aos 10 dias, mas aos 20, 30 e 40 dias era de 10,6±0,8%, respetivamente, 15 Verificou-se que aumentou 4±1,4% e 23,7±1,4%.

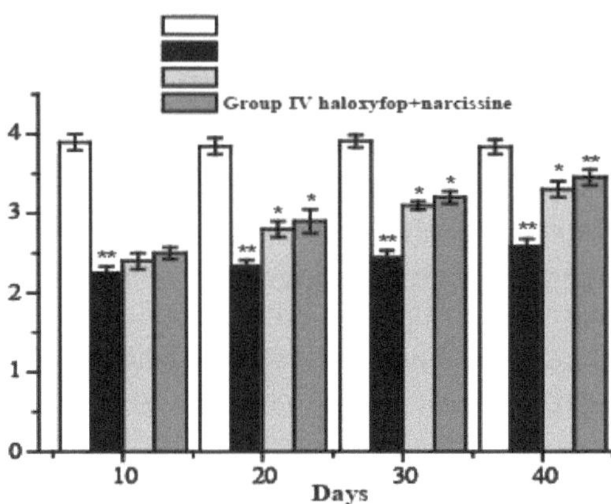

Figura 1. Efeitos dependentes do tempo de 40 dias de SFL e narcisina na atividade da enzima glutationa peroxidase em mitocôndrias hepáticas de ratos intoxicados por pesticidas indoxacarb. ($*P<0,05;**P<0,01;n=5-6$).

Continuando as experiências em ratos do grupo IV envenenados com indoxacarb e farmacoterapia com narcissina durante 10 dias, o efeito desta substância na atividade da GP não foi notório aos 10 dias, mas foi de $13,2\pm1,0\%$ aos 20, 30 e 40 dias, respetivamente, 18, Verificou-se que $0\pm2,2\%$ e $31,6\pm2,7\%$ foram recuperados (Figura 1).

Nas nossas experiências seguintes, foi estudado o efeito do pesticida indoxacarb na atividade da enzima antioxidante GR nas mitocôndrias do fígado. De acordo com os resultados obtidos, não se verificaram alterações significativas na atividade da enzima GR no grupo de controlo durante 10, 20, 30 e 40 dias. Verificou-se que a atividade da GR diminuiu nos ratos do grupo II envenenados com o pesticida indoxacarb durante 10, 20, 30 e 40 dias em comparação com o controlo. Neste caso, verificou-se que a atividade do GR diminuiu 24% nas mitocôndrias do fígado dos ratos do grupo II envenenados com o pesticida indoxacarb em comparação com o controlo aos 40 dias. Quando os ratos do grupo III envenenados com indoxacarb foram submetidos a farmacoterapia com soforaflavonolonoside durante 10 dias, verificou-se que a sua atividade GR mitocondrial hepática aumentou 16,5% aos 40 dias em comparação com os indicadores do grupo II (Figura. 2).

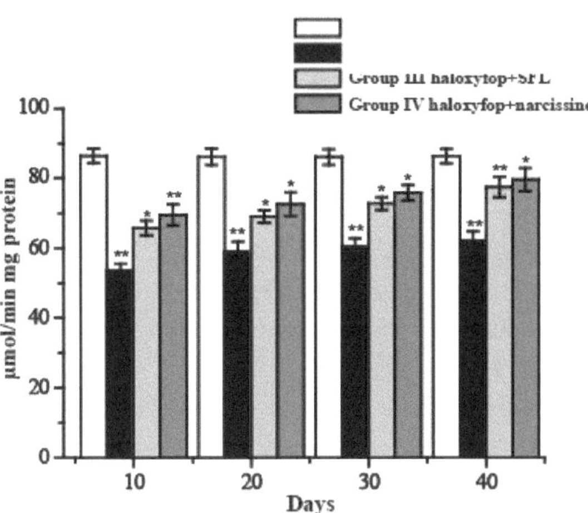

Figura 2. Efeitos do soforaflavonolonosídeo e do flavonoide narcisina na atividade enzimática antioxidante (glutatião redutase) das mitocôndrias do fígado de ratos envenenados com o pesticida indoxacarb. (*P<0,05; **P<0,01; n=5-7).

Nos ratos do grupo IV de indoxacarbe tratados com narcissina, a atividade da enzima GR aumentou 16,9% nos dias 10, 20, 30 e 40 em comparação com o grupo II aos 40 dias (Figura 2).

Uma única exposição ao pesticida indoxacarb provoca um elevado stress oxidativo nos hepatócitos. Como resultado, a atividade do GR nas mitocôndrias do fígado diminuiu drasticamente sob a influência dos pesticidas. As nossas experiências mostraram que o flavonoide SFL e a narcisina inibiram as propriedades antioxidantes, e verificou-se que a atividade GR foi parcialmente restaurada nos grupos corrigidos com estes compostos vegetais em comparação com o grupo patológico.

Por conseguinte, a atividade da GP e da GR nas mitocôndrias do fígado diminuiu de forma independente da dinâmica sob a influência do pesticida indoxacarb. Verificou-se que a atividade destas enzimas foi ligeiramente restaurada pelos flavonóides SFL e narcisina aos 10, 20, 30 e 40 dias, dependendo da dinâmica. Os compostos SFL e narcissina mostraram as suas propriedades antioxidantes, restaurando a atividade das enzimas GP e GR até certo ponto.

Referências

1. Lukowicz C., Ellero-simatos S., Regnier M., Polizzi A., Lasserre F., Montagner A., Lippi Y., Jamin E.L., Martin J., Naylies C. Metabolic effects of a chronic dietary exposure to a low-dose pesticide cocktail in mice: Dimorfismo sexual e papel do recetor constitutivo do androstano // Environ. Health Perspect. -2018. -V.126 - P. 1-18.

2. Moskvichov D.V., Levina I.L., Gvozdenko E.S. Peroxidação lipídica e atividade das enzimas antioxidantes no girino da rã com garras sob a ação de pesticidas diazóis // Reactive oxygen and nitrogen species, antioxidants and human health. -2003. - P. 194-195.

3. Parpiyeva M.J., Mirhamidova P., Pozilov M.K., Tuychiyeva D.S O Efeito de Phlavonoids na Oxidação Precisa de Lípidos da Membrana da Mitocôndria do Fígado de Rato, Envenenada com Pesticidas// Jundishapur Journal of Microbiology Publicado online 2022 janeiro Artigo de Investigação - 2022. - V.15.1. - P. 676-681.

4. Slaninova A., Smutna M., Modra H., Svobodova Z. Uma revisão: Oxidative stress in fish induced by pesticides // Neuroendocrinology Letters - 2009. - V.30 (1). - P.212.

5. Valavanidisa A., Vlahogiannia T., Dassenakisb M., Scoullos M. Molecular biomarkers of oxidative stress in aquatic organisms in relation to toxic environmental pollutants // Ecotoxicol. Environ. Saf. - 2006. - V. 64. - P.178-189.

6. Власова С.Н., Шабунина Е.И., Переслегина И.А. Активность глутатионзависимых эритроцитов при хронических заболеваниях. // Москва. - 1990. - С.19-21.

7. Парпиева М.Ж., Мирхамидова П., Позилов М.К., Туйчиева Д.С., Мустафацулов М.А.Зах,арлантирилган каламуш жигари митохондриясининг айрим ферментларига антиоксидантларнинг таъсири // Инфекция, иммунитет и фармакология. - 2021. - №6,- С.136-141.

8. Тарасевич И.С., Ринейская О. Н., Глинник С.В., Прокопчик К.Г. Активность глутатионпероксидазы, глутатионредуктазы и уровень глутатиона восстановленного в печени, мозге и эритроцитах крыс в возрастном аспекте // Материалы за VII международна научна практична конференция " Ключови въпроси в съвременната наука 2011", София "Бял ГРАД-БГ" ООД, 17-25 апреля 2011. - С.105-106.

CAPITULO 7

DANOS NAS MITOCÔNDRIAS DO FÍGADO DE RATOS SOB INTOXICAÇÃO INDUZIDA PELO PESTICIDA GALOXIFOP-P-METILO: PROTECÇÃO PELOS FLAVONÓIDES SOFOROFLAVONÓSIDO E NARCISINA

Anotação. A proteção do fígado contra os efeitos tóxicos dos pesticidas e o desenvolvimento de métodos farmacológicos eficazes são questões importantes. No entanto, não foram realizados estudos sobre o efeito do pesticida galoxifope-P-metilo, atualmente muito utilizado na agricultura, no processo de LPO na membrana mitocondrial do fígado, na alteração do estado conformacional da mPTP e na condutância do canal mitoKATP, e a sua correção com substâncias vegetais. Para o efeito, nas nossas experiências, foi estudado o efeito corretor do flavonoide SFL e da narcisina durante 10, 20, 30 e 40 dias sobre as perturbações da membrana mitocondrial hepática de ratos intoxicados com galoxifope-P-metilo em função da dinâmica. Objetivo do estudo: estudar a dinâmica do efeito corretor dos flavonóides SFL e narcisina sobre a LPO induzida por Fe^{2+}/citrato, a permeabilidade mPTP e a atividade do canal mito KATP nas mitocôndrias hepáticas de ratos intoxicados com galoxifop-P-metilo durante 10, 20, 30 e 40 dias.

Palavras-chave: fígado, mitocôndrias, galoxifop-P-metilo, soforaflavonolonosídeo (SFL), narcisina, peroxidação lipídica (LPO), mPTP (poro de transição da permeabilidade mitocondrial), canal de potássio dependente de ATP (canal KATP).

A utilização eficaz de produtos químicos e de vários outros factores na proteção das plantas é atualmente de grande importância. A maior parte dos agentes químicos utilizados para proteger as plantas de pragas e doenças distinguem-se pela sua eficácia geral. Estes produtos químicos eficazes podem ser utilizados para controlar todos os tipos de culturas, pragas do solo e da água, parasitas que propagam doenças, ervas daninhas e desfoliação. Ao mesmo tempo, os efeitos destes produtos químicos tóxicos são prejudiciais não só para os insectos e micróbios que causam doenças nas plantas, mas também para os animais de sangue quente e para o corpo humano. Estes pesticidas entram no corpo humano de diferentes formas e acumulam-se como resíduos [1;10;12]. As quantidades residuais de pesticidas acumuladas nos órgãos e tecidos podem mais tarde causar várias patologias [4]. As espécies reactivas activas de oxigénio (ROS) geradas em resultado do stress oxidativo nos organelos celulares, incluindo as mitocôndrias, quando envenenadas com pesticidas, levam a um aumento do processo de LPO na membrana interna e externa. Este facto provoca várias condições patológicas nos tecidos e órgãos [2;16;13;9]. Nas biomembranas, a

LPO é um processo bioquímico molecular de radicais livres através do qual os lípidos insaturados e os ácidos gordos livres, que fazem parte dos fosfolípidos das membranas biológicas, são oxidados. Esta situação foi evidenciada pela formação de H2O2 como resultado da oxidação de Fe^{2+} com oxigénio molecular [6]. O fígado é um órgão importante no metabolismo dos pesticidas [2;14]. Por isso, é de grande importância estudar a formação de radicais livres nas mitocôndrias hepáticas danificadas de ratos expostos a pesticidas e as alterações nas mitocôndrias que podem ocorrer como resultado disso, e a eliminação dessas alterações com a ajuda de compostos naturais isolados de plantas.

Os efeitos dos pesticidas a nível celular são muito perigosos, uma vez que produzem ROS no metabolismo e perturbam o mecanismo homeostático da célula. Interagem com os lípidos das membranas e os seus lípidos e proteínas perturbam o equilíbrio fisiológico entre substratos e transportadores de electrões, especialmente nas mitocôndrias [15]. A membrana mitocondrial é altamente permeável aos iões Ca^{2+}, o que é assegurado pela PTP. Em várias condições patológicas, a transição da mitocôndria da conformação de poro de alta permeabilidade para o estado aberto é relatada [5;11].

Métodos e materiais de investigação. Foram utilizados para a experiência ratos brancos machos com um peso de 180-200 g. Os ratos machos selecionados para a intoxicação de animais experimentais com galoxifope-P-metilo foram divididos em grupos:

Grupo I, saudável (controlo);

Grupo II; galoxifope-P-metilo

Grupo III; galoxifope-P-metilo+ SFL

Grupo IV; galoxifope-P-metilo+narcissina

Os animais dos grupos II, III e IV da experiência foram envenenados uma vez com uma dose LD50 1/10 do herbicida galoxifop-P-metilo por via oral. Após a administração de galoxifop-P-metilo, o grupo experimental III recebeu SFL 10 mg/kg e os animais do grupo IV receberam o flavonoide narcisina numa dose de 10 mg/kg per os, uma vez por dia, durante 10 dias.

Após 10, 20, 30 e 40 dias da administração de soforaflavonolonoside e de flavonóides de narcisina a ratos envenenados por herbicida, as mitocôndrias do fígado foram separadas por centrifugação diferencial pelo método W.C.Schneider.

O sistema Fe^{2+}/citrato foi utilizado para estudar o processo de LPO na membrana mitocondrial. Sob a influência deste sistema, a perda do estado funcional da membrana da mitocôndria e a alteração do tamanho do organelo como resultado da LPO da membrana foram determinadas fotometricamente a 25°C por mistura constante com o seguinte MI. Meio de incubação (IM) (mM):

KSI - 125, KCl -65, HEPES -10, pH 7,2; A quantidade de mitocôndrias é de 0,5 mg/ml;

As mitocôndrias foram incubadas durante 2 minutos num meio contendo 2 mM de citrato antes da adição de 50 gMFe2+ [7].

A cinética do inchaço mitocondrial (0,3-0,4 mg/ml de proteína) foi determinada por espetrofotómetro (espetrofotómetro V-5000) a 540 nm numa célula aberta (volume 3 ml) com agitação constante da suspensão mitocondrial a 26°C. Para determinar a permeabilidade da PTP nas mitocôndrias, foi utilizado o seguinte meio de incubação: 200 mM de sacarose, 20 gM de EGTA, 5 mM de succinato, 2 gM de rotenona, 1 g/ml de oligomicina, 20 mM de Tris, 20 mM de HEPES e 1 mM de KH2PO4, pH 7,4 [8].

A condutância do canal MitoKATP (0,3-0,4 mg/ml de proteína) foi determinada por alterações na densidade ótica a um comprimento de onda de 540 nm em 3 ml de células. IM como se segue: 125 mM KCl, 10 mM HEPES, 5 mM succinato, 1 mM MgCl2, 2,5 mM K2HPO4, 2,5 mM KH2PO4, 0,005 mM rotenona e 0,001 mM oligomicina, pH 7,4 [3].

Nas experiências, a cinética do decaimento mitocondrial foi calculada como uma percentagem do máximo, calculando o valor médio aritmético de 5-6 experiências diferentes. O processamento estatístico dos resultados e o desenho das figuras foram efectuados utilizando o programa informático Origin 6.1 (EUA). Neste caso, os valores de $P<0,05$ e $P<0,01$ representam fiabilidade estatística.

Os resultados obtidos e a sua análise. Na nossa experiência, determinámos o efeito dinâmico-dependente dos flavonóides SFL e narcisina no processo LPO induzido pelo Fe^{2+} /citrato na membrana mitocondrial do fígado de ratos envenenados com o pesticida galoxifope-P-metilo durante 10, 20, 30 e 40 dias. De acordo com os resultados da experiência, na presença de Fe^{2+} /citrato no IM, o processo de LPO induzido, ou seja, a taxa de inchaço das mitocôndrias, foi considerado como 100% (Fig. 1). De acordo com os resultados obtidos, as mitocôndrias do fígado de ratos injectados com galoxifope-P-metilo (grupo II) sob a influência do indutor Fe^{2+} /citrato são 2,6 em comparação com o grupo de controlo, dependendo da dinâmica de 10, 20, 30 e 40 dias; 5,7; Foi observado um aumento acentuado de 7,7 e 5,8 vezes. Quando os ratos do grupo III intoxicados com galoxifop-P-metilo foram tratados com SFL e os ratos do grupo IV foram tratados com narcisina durante 10 dias, os seus valores de LPO II da membrana mitocondrial hepática Fe^{2+} /citrato foram reavaliados em função da dinâmica de 10, 20, 30 e 40 dias. recuperação foi determinada (Figura 1).

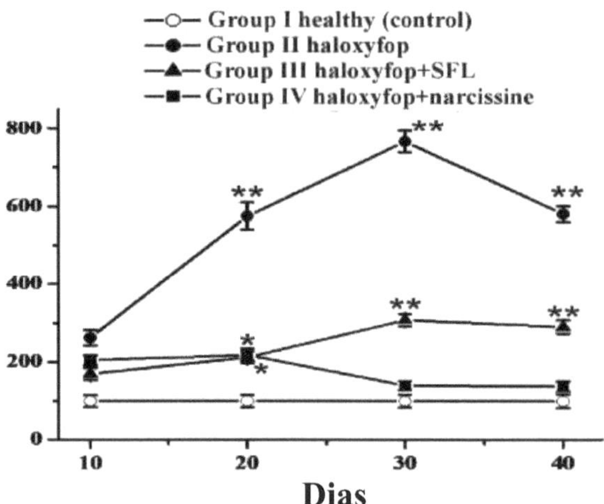

Figura 1. Efeitos da SFL e da Narcisina na oxidação de peróxido induzida por Fe^{2+} /Citrato dos lípidos da membrana mitocondrial hepática de ratos intoxicados com Galoxifop-P-Metilo (*P<0,05; *P<0,01; n=5-6).

Neste caso, verificou-se que a propriedade antitóxica do flavonoide narcisina era mais eficaz do que a do flavonoide SFL de uma forma dinâmica. Um aumento da intensidade da LPO da membrana mitocondrial sob a influência de pesticidas leva, por sua vez, a uma violação da atividade funcional dos sistemas de transporte de iões.

Na experiência seguinte, os efeitos dos flavonóides SFL e narcisina sobre a permeabilidade das mitocôndrias hepáticas PTP de ratos intoxicados com o pesticida galoxifope-P-metilo foram investigados de forma dinâmica. De acordo com os resultados obtidos, as mitocôndrias do fígado dos animais experimentais saudáveis do grupo I, tomados como controlo, não apresentaram um estado dinâmico durante 40 dias. No entanto, verificou-se que o número de mitocôndrias do fígado aumentou 59,0±3,5% em 10 dias e 65,7±4,6% em 20 dias, em comparação com o grupo de controlo dos animais do grupo II tratados com o pesticida galoxifope-P-metilo. Nos ratos de 30 e 40 dias de idade tratados com o pesticida galoxifope-P-metilo, o número de mitocôndrias do fígado aumentou 70,1±4,1% e 60,5±4,5%, respetivamente, em comparação com o controlo. Assim, 20 dias após a administração do pesticida galoxifope-P-metilo aos animais, foi mantido um estado dinâmico estável na supressão das mitocôndrias hepáticas (Figura 2).

Continuando as experiências, os ratos do grupo III injectados com o pesticida galoxifope-P-metilo foram tratados com o flavonoide SFL (10 mg/kg) durante 10 dias. Em seguida, foram efectuados estudos de permeabilidade mitocondrial do fígado de ratos nos dias 10, 20, 30 e 40 das experiências. De acordo com os resultados obtidos, verificou-se que as mitocôndrias do fígado dos animais do grupo III foram inibidas em 24,0±2,1% em 10 dias e em 30,7±3,2% em 20 dias em comparação com o grupo patológico (II). Nos 30° e 40° dias da experiência, os ratos do grupo III envenenados com galoxifop-P-metilo e injectados com o flavonoide SFL apresentaram um aumento das mitocôndrias hepáticas de 46,8±4,5% e 45,0±3,0% em comparação com o grupo II (Figura 2). O flavonoide SFL inibiu a permeabilidade mPTP das mitocôndrias do fígado de rato de uma forma dependente da dinâmica de 40 dias. Ficou provado que o efeito inibitório do SFL foi mais eficaz nos dias 30 e 40 do que nos dias 10 e 20. Continuando as experiências, os ratos do grupo IV injectados com o pesticida galoxifope-P-metilo foram tratados com o flavonoide narcisina (10 mg/kg) durante 10 dias. Em seguida, foram efectuadas experiências nos dias 10, 20, 30 e 40, e as mitocôndrias foram isoladas do fígado dos ratos. De acordo com os resultados obtidos, verificou-se que o número de mitocôndrias do fígado dos animais do grupo IV foi inibido em 18,5±1,5% em 10 dias e em 17,9±2,2% em 20 dias, em comparação com o grupo II.

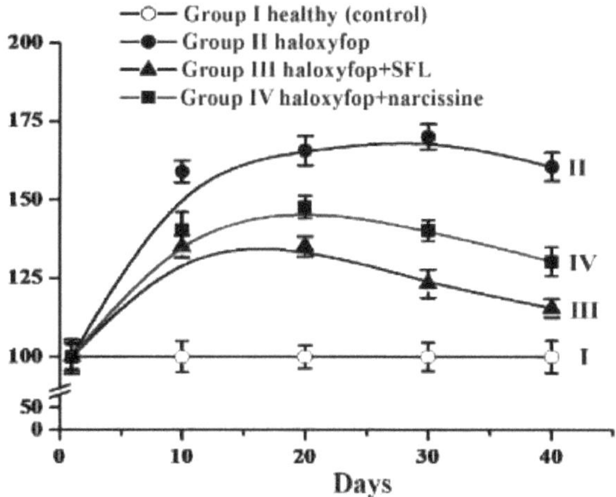

Figura 2. Efeitos dos flavonóides SFL e narcisina na permeabilidade das mitocôndrias hepáticas PTP de ratos intoxicados com o pesticida galoxifope-P-metilo (dinâmica dependente de 40 dias) (*P<0,05; **P<0,01; n=5-6).

Nos dias 30th e 40th da experiência, observou-se que o número de mitocôndrias hepáticas dos ratos do grupo IV, intoxicados e corrigidos com o flavonoide narcisina, foi reduzido em 29,9±3,4% e 30,2±2,5% em comparação com os indicadores do grupo II (Figura 2). Verificou-se também que o flavonoide narcisina inibe eficazmente o inchaço mitocondrial aos 30 e 40 dias, em comparação com os 10 e 20 dias.

Um dos factores mitocondriais que controlam a atividade metabólica e funcional da célula é o canal mitoKATP. Atualmente, as propriedades biofísicas do canal mitoKATP e o seu significado fisiológico estão bem estudados. No entanto, são raros os dados da literatura sobre as alterações da atividade funcional do canal mitoKATP em lesões relacionadas com a intoxicação hepática. Esta fase da nossa experiência in vivo consistiu na correção de ratos envenenados com os pesticidas galoxifope-P-metilo com os flavonóides SFL e narcisina e no estudo do seu efeito na atividade funcional do canal mitoKATP do fígado. Os efeitos dos flavonóides SFL e narcisina na condutância hepática do canal mitoKATP em ratos tratados com galoxifope-P-metilo são apresentados na Figura 3.

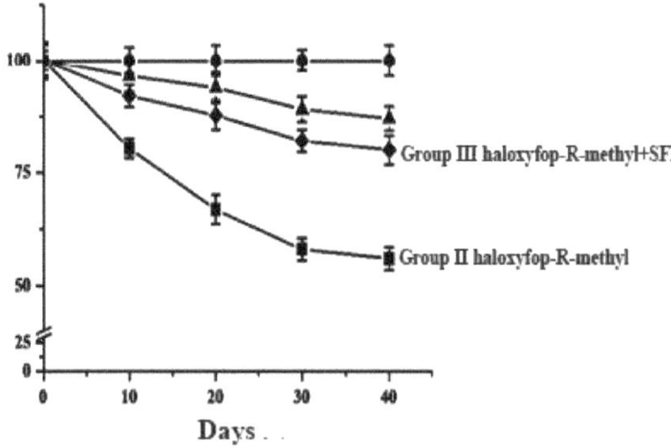

Figura 3. Efeitos dos flavonóides SFL e narcissina na atividade do canal de potássio dependente de ATP em mitocôndrias hepáticas de ratos intoxicados com o pesticida galoxifop-P-metil (dependente da dinâmica de 40 dias) (*P<0,05; ♦♦P<0,01; n=5-6).

De acordo com os resultados obtidos, a condutância do canal mitoKATP hepático nos ratos do grupo II tratados com galoxifope-P-metilo foi de 19,6±1,1 na presença de 200 pM de ATP no IM nos dias 10, 20, 30 e 40, respetivamente, em comparação com o controlo (grupo I). 33,2±2,2%; verificou-se que foi inibida em 42±3,2% e 44±3,2%. Quando os ratos do grupo III administrados com galoxifope-P-metilo receberam SFL por via oral a uma dose de 10 mg/kg durante 10 dias, a permeabilidade dos canais mitoKATP do fígado foi de 11,6±0,8% em comparação com os valores do grupo II nos dias 10, 20, 30 e 40, respetivamente; 20,9±1,2%; verificou-se que foi activada em 24±2,1% e 24±1,3% (Figura 3).

A atividade do canal mitoKATP hepático dos ratos tratados com 10 mg/kg de narcisina durante 10 dias foi de 16±1,0%, respetivamente, em comparação com os valores do grupo II; 30±2,2%; observou-se que aumentou 31±2,5% e 31,1±2,2%.

A inibição do canal mitoKATP do fígado sob a influência dos pesticidas galoxifope-P-metilo é expressa por uma diminuição acentuada do fluxo de iões de potássio da membrana. Uma diminuição do ciclo do ião potássio pode causar uma diminuição do potencial da membrana mitocondrial e uma alteração do tamanho da matriz. Sob a influência de compostos vegetais selecionados SFL e narcisina, a toxicidade dos pesticidas pode ser reduzida e, como resultado, o fluxo de iões K^+ na membrana das mitocôndrias do fígado pode ser restaurado.

Conclusões. Assim, quando o pesticida galoxifope-P-metilo é administrado a ratos, leva ao desenvolvimento de processos destrutivos no metabolismo das células do fígado. Estas alterações destrutivas atingem o nível do organelo e provocam a aceleração do processo de LPO na membrana mitocondrial e, consequentemente, a perturbação da permeabilidade da membrana. Como resultado da peroxidação das partes lipoproteicas da membrana mitocondrial, a permeabilidade muda drasticamente, ou seja, o poro de alta permeabilidade muda para um estado conformacional aberto, a permeabilidade do canal mitoKATP é inibida. Os compostos vegetais, flavonóides SFL e narcisina, restauram os danos da membrana mitocondrial do fígado desenvolvidos sob o efeito do pesticida galoxifop-P-metil. Neste caso, o seu efeito efetivo foi demonstrado 30 e 40 dias após o envenenamento.

Referências

1. Алимбабаева Н.Т., Мирхамидова П., Исабекова М.А., Зикиряев А., Файзуллаев С.С. Действие остаточных количеств карате на активность митохондриальных ферментов гепатоцитов // Узбекский биологический журнал - 2005. - №4. - С. 15-19.

2. Алимбабаева Н.Т., Холитова Р.А., Мирхамидова П., Тутунджан А.А., Зикиряев А., Файзуллаев С.С. Действие каратэ на перекисное окисление липидов в митохондриях и микросомах печени крыс // Узбекский биологический журнал - 2005. - №6. - С. 34-37.

3. Вадзюк О.Б., Костерин С.А. Индуцированное диазоксидом набухание митохондрий миометрия крыс как свидетельство активации АТР-чувствительного К+-канала // Укр. биохим. жури. - 2008. - Т. 80(5). - С. 4551.

4. Омарова З.М. Влияние пестицидов на здоровье детей. Российский вестник перинатологии и педиатрии. -2010. -№1. - С.59-63.

5. Позилов М.К., Рахимов А.Д., Махмудов Р.Р., Аминов С.Н., Асраров М.И. Аллоксан диабетда митохондрияларнинг пассив ион утказувчанлигига госситан полифенолининг таъсири // Фармацевтика журналы. - 2019. - №1.

6. Позилов М.К. Экспериментал диабетда митохондрия мембранасининг бузилишлари ва уларни усимлик моддалари билан корекциялаш: дис. докт. биол. наук. Ташкент, - 2020. - С. 206.

7. Almeida A.M., Bertoncini C.R., Borecky J., Souza-Pinto N.C., Vercesi A.E. Danos no ADN mitocondrial associados à peroxidação lipídica da membrana mitocondrial induzida por Fe^2 +-citrato // An. Acad. Bras. Cienc. - 2006. - V. 78(3). - P. 505-514.

8. He L., Lemasters J.J. Heat shock suppresses the permeability transition in rat liver mitochondria // J. Biol. Chem. - 2003. - V. 278(19). - P. 16755-16760.

9. Parpiyeva M.J., Mirkhamidova P., Pozilov M.K., Tuychieva D.S., Mustafakulov M. Efeitos de alguns compostos flavonóides na atividade das enzimas antioxidantes das mitocôndrias do fígado de ratos envenenados por galaxyphop-R-metil e indoxacarb // Efflatounia-Multidisciplinary Journal.-2021.-V.5- №.2. - P. 2564-2569

10. Parpiyeva M., Mirkhamidova P., Tuychiyeva D. Determinação do pesticida residual no fígado de ratos envenenados com pesticida indoxacarb // European Journal of Molecular & Clinical Medicine - 2020 .-V.7 -P. 4497-4505.

11. Parpieva M.J.,Mirkhamidova P., Pozilov M.K. Efeito dos flavonóides soforoflavonoside e narcissine na quantidade de dialdeído malon e enzima citocromooxidase, um produto da peroxidação de lípidos em mitocôndrias de rio

de rato envenenadas por pesticida galoxifop-P-metil // Jundishapur Journal of Microbiology Publicado online 2022 abril Artigo de pesquisa Vol. 15, No.1 (2022). P. 6689-6696.

12. Mirkhamidova P., Pozilov M.K., Parpieva M.J., Shakhmurova G.A., Jumagulova K.A. Determinação da quantidade de pesticidas residuais no tecido hepático de ratos envenenados com pesticidas galoxiphop-r-metil e indosacarb // Journal of Pharmaceutical Negative Results - 2022. - Vol. 13 №1 - P. 738-754.

13. Slaninova A., Smutna M., Modra H., Svobodova Z. Uma revisão: Oxidative stress in fish induced by pesticides // Neuroendocrinology Letters - 2009. - V.30 (1). - P.2-12.

14. Jung H., Kim S.Y., Cecen F-S.C., Cho Y., Kwon S-K. Disfunção do Ca mitocondrial^{2+} mecanismos reguladores no envelhecimento do cérebro e doenças neurodegenerativas // Front. Cell Dev. Biol - 2020. - V.8. - P.1-11.

15. Guven C., Sevgiler Y., Taskin E. Inseticidas piretróides como indutores de disfunção mitocondrial // Doenças Mitocondriais - 2018. - P. 293-322.

16. Moskvichov D.V., Levina I.L., Gvozdenko E.S. Peroxidação lipídica e atividade das enzimas antioxidantes no girino da rã com garras sob a ação de pesticidas diazóis // Reactive oxygen and nitrogen species, antioxidants and human health. -2003. - P. 194-195.

Printed by Books on Demand GmbH, Norderstedt / Germany